QUELLEN UND STUDIEN
ZUR
GESCHICHTE DER MATHEMATIK ASTRONOMIE UND PHYSIK

HERAUSGEGEBEN VON

O. NEUGEBAUER
GÖTTINGEN

J. STENZEL
KIEL

O. TOEPLITZ
BONN

ABTEILUNG B:
STUDIEN

BAND 1

SPRINGER-VERLAG BERLIN HEIDELBERG GMBH 1931

ISBN 978-3-662-31910-9 ISBN 978-3-662-32737-1 (eBook)
DOI 10.1007/978-3-662-32737-1

Inhalt des ersten Bandes.

Erstes Heft

Abgeschlossen am 27. März 1929. (Mit 28 Textabbildungen.)

Zweites Heft

Abgeschlossen am 15. Mai 1930.

Drittes Heft

Abgeschlossen am 25. September 1930. (Mit 9 Textabbildungen.)

Viertes Heft

Abgeschlossen am 23. September 1931. (Mit 56 Textabbildungen.)

Inhalt des ersten Bandes

Erster Teil

Zweiter Teil

Dritter Teil

Vierter Teil

Die Geometrie der ägyptischen mathematischen Texte.

Von O. Neugebauer, Göttingen.

(Eingegangen am 22. 10. 1930.)

Die Absicht der folgenden Seiten ist es, eine handliche Zusammenstellung aller *Quellen* für unsere Kenntnis der ägyptischen (vorgriechischen) Geometrie zu geben. Es sind keine neuen Texte hinzugekommen, wohl aber habe ich mich bemüht, alles mir irgend bekannte Material zusammenzutragen und möglichst übersichtlich anzuordnen. Ich habe versucht, die Texte, so weit als nur möglich, nicht durch Kommentierung abzuändern; also sind insbesondere die entscheidenden und nicht absolut selbstverständlich übersetzbaren Termini zunächst unübersetzt gelassen[1]). Alle Figuren der Texte[2]) sind auch photographisch reproduziert[2a]). Die wichtigen Textabschnitte sind im wesentlichen wörtlich übersetzt („ “); dagegen habe ich die umständliche Formulierung der Ausrechnungen durch unsere Symbole abgekürzt und auf die Wiedergabe rein rechentechnischer Schritte verzichtet.

---

[1]) Zur Aussprache ägyptischer Worte s. S. 305, Anm. 4.

[2]) Abkürzungen für die Texte B, C, K, M, R wie S. 301. Bruchbezeichnung: $\overline{n} = 1/n$, $\overline{\overline{3}} = 2/3$. [ ] Ergänzung von Textlücken. Sonstige Abkürzungen wie S. 379f. Auf Literaturbelege habe ich weitgehend verzichten zu dürfen geglaubt; vgl. diesbezüglich z. B. Peet, RMP, Struve, QS A 1 und Chace, RMP. Die S. 446ff. gegebenen Reproduktionen der Figuren sind Ausschnitte aus den Publikationen K, QS A 1 und Chace, RMP. — Ich wurde indessen von verschiedenen Seiten auf folgende Irrtümer in der oben zitierten Arbeit S. 301ff. freundlichst aufmerksam gemacht: Es ist mehrfach Chase durch Chace zu ersetzen. S. 305[5]): es ist nicht die Buchrolle, sondern ‚♀‚ (Möller, Pal. 1, LXII) das Determinativ von '*h*'. S. 349[130]): im zweiten Satz sind durch eine Korrektur irrtümlich die Schlußworte „ist das des Textes“ weggeblieben. S. 358[145]): Es ist *13 mit 11 zu vertauschen. S. 370 R 2/19: es muß $1+\overline{2}+\overline{12}$ heißen. S. 370 R 2/37: $\beta = \overline{3} + \overline{8}$.

[2a]) Die immer wiederholte Behauptung von der Unexaktheit der Figuren von R trifft übrigens durchaus nicht vollkommen zu. Ich glaube aus den Photographien entnehmen zu können, daß ein großer Teil der geraden Linien mit einem Lineal gezogen sein muß (vgl. Abb. 10, Abb. 15, 16, 22, Abb. 23—26). Die Figuren von M sind allerdings ganz freihändig skizziert.

Die genaue Lektüre ägyptischer geometrischer Texte ist, ganz abgesehen von allen terminologischen Schwierigkeiten, keine bequeme oder unterhaltende Angelegenheit; man wird sich diese Mühe aber nicht ersparen können, wenn man ernstlich über dieses Gebiet urteilen will. Vor allem muß man durch eigene Erfahrung die Beschwerung fast aller dieser Beispiele mit rein metrologischen Dingen kennen lernen, um zu empfinden, wie wenig bei dieser „Geometrie" das Gewicht auf die eigentlich „geometrischen" Relationen fällt, wie stark es dagegen auf das *μετρεῖν* zu legen ist.

Inhalt.

§ 1.
Das Dreieck.

1. R 51. Figur s. Abb. 10.

„Beispiel zur Berechnung eines Dreiecks Land (*3ḥ.t*); wenn man dir sagt: ein Dreieck von 10 Hundertellen[3]) an seiner *mrj.t*, 4 Hundertellen ist sein *tp r3*; was ist seine Fläche (*3ḥ.t*)?"

Rechnung:	$t = tp\ r3 \quad m = mrj.t$
4 : 2 = 2 „um es viereckig (*ỉfd*) zu machen"	$\frac{t}{2} = 2$ (Hundertellen)
10 · 2 „das ist seine Fläche (*3ḥ.t*)"	$F = m \cdot \frac{t}{2} = 10$ (Hundertellen) · 2 (Hundertellen) = 2 (1 Hundertelle 1000 Ellen) = 2 (Tausend-Land[4]))

Bei der Figur steht:

1	400	1	1000	
$\overline{2}$	200	2	2000	„seine Fläche ist 2".

2. M 4. Figur s. Abb. 11.

„[Beispiel zu]r Berechnung eines Dreiecks.
[Wenn man dir sagt:] ein Dreieck, 10 ist die [*mr*]*j.t*,
4 an dem *tp r3*; laß mich wissen"
. . . . . . Rest fast ganz zerstört . . . . . .

---

[3]) Längenmaß *ḫt* von 100 Ellen (*mḥ*).

[4]) Flächenmaß *ḫ3-t3* von der Fläche eines Rechtecks 1 Hundertelle × 1000 Ellen.

Bei der Figur:	1	4	1	[1000]
	$\overline{2}$	2	/ 2	[2000][5])

Offenbar Paralleltext zu R 51.

3. M 7.

„Beispiel zur Berechnung eines Dreiecks.
Wenn man dir sagt: ein Dreieck der Fläche (*ꜣḥ.t*) 2 (Tausend-Land), ein *ỉdb* von $2^1/_2$."

Rechnung:	$i = \text{ỉdb}$
„Verdopple die Fläche" (*ꜣḥ.t*) = 40 (*śṯꜣ.t*[6]))	$2 \cdot 2$ Tausend-Land $= 4$ (1 Hundertelle $\cdot$ 1000 Ellen) $= 40$ (Hundertellen)$^2 = 40$ *śṯꜣ.t*
$40 \cdot 2^1/_2 = 100$	
$\sqrt{100} = 10$ (Hundertellen)	$10 = \sqrt{2F \cdot i} = l$
$1 : 2^1/_2 = \overline{3} + \overline{15}$	
$(\overline{3} + \overline{15}) \cdot 10 = 4$ (Hundertellen)	$4 = l : i = b$
„10 (Hundertellen) ist die Länge (*m ꜣw*) zu (*r*)[7]) 4 (Hundertellen) Breite (*m śḫ.w*)."	

4. M 17. Figur s. Tafel I, Abb. 3.

„Beispiel zur Berechnung eines Dreiecks.
Wenn man dir sagt: ein Dreieck von 2000[8]) als seiner Fläche (*ꜣḥ.t*).
Von dem was du auf die Länge (*ḥr ꜣw*) gibst, gibst du $\overline{3} + \overline{15}$ auf die Breite (*ḥr śḫ.w*)."

Rechnung:	
$2 \cdot 2000$[8]) $= 40$ (*śṯꜣ.t*[6]))	
$1 : (\overline{3} + \overline{15}) = 2^1/_2$	
$40 \cdot 2^1/_2 = 100$	
$\sqrt{100} = 10$ (Hundertellen) Länge (*ꜣw*)	$l = \sqrt{\frac{2F}{(b:l)}} = 10$
$(\overline{3} + \overline{15}) \cdot 10 = 4$ (Hundertellen) Breite (*śḫ.w*)	$b = l \cdot (b : l) = 4$

---

[5]) So möchte ich in Hinblick auf R 51 und die Figur von M 4, in der „2" (d. h. Tausend-Land) angegeben ist, ergänzen. Dagegen Struve, S. 146: [10] bzw. [20].

[6]) Flächenmaß *śṯꜣ.t* = (Hundertelle)^2, entspricht der griechischen Arure. 10 *śṯꜣ.t* = 1 Tausend-Land.

[7]) Gunn-Peet, JEA 15, Taf. 35, gegen Struves *n* „für".

[8]) Ich folge hier der Lesung von Gunn-Peet, JEA 15, S. 174. Diese 2000 entsprechen natürlich den 2 (Tausend-Land) der Figur; — vgl. die vorangehenden Beispiele.

In und bei der Figur steht (vgl. Abb. 12):

an der Längsseite:	1	10	d. h.	$l = 10$
an der Breitseite:	$\overline{3} + \overline{15}$	4	d. h.	$b = l.(b:l) = 4$

dann

in der Fläche: 2

darunter: 40 $2 + [\overline{2}$ $10]0$[9]) d. h. $2F = 40$ (*š<u>t</u>ȝ.t*) und $2F \cdot \frac{1}{b:l} = 100$

schließlich

1	40	
/2	80	
/$\overline{2}$	20	Summe 100 Wurzel 10.

5. Edfu. Vgl. § 3, 3 (S. 421).

6. Sonnenuhren.

Obwohl über den vorliegenden Rahmen hinausführend, sei doch auf die schönen Untersuchungen von L. Borchardt hingewiesen[10]), die die Vorstellungen betreffen, die den Konstruktionen ägyptischer Sonnenuhren zugrundeliegen. Sie sind insbesondere für die Geschichte dessen, was wir heute trigonometrische Funktionen nennen, von Interesse. Vgl. dazu auch § 8, Schlußbemerkung.

Bemerkungen zur Terminologie der Dreiecksaufgaben.

mrj.t sachlich sicher „Höhe" des Dreiecks[11]). Die Beziehung zur ursprünglichen Wortbedeutung „Uferdamm" (aber auch „Feldergrenze"[12])) erfährt durch Struve[13]) eine anschauliche Deutung als „Grenze", durch die die Fläche eines gleichschenkligen Dreiecks in zwei gleiche Teile zerlegt wird[14]). Dreiecke mit *mrj.t* sind also mit Struve als gleichschenklig anzusehen (R 51, M 4)[38c]).

---

[9]) So sind, glaube ich, die letzten etwas weit auseinandergeschriebenen Zahlen zusammen zu fassen (vgl. Abb. 12). Gunn-Peet ergänzen die 2 zu 4, was aber nicht nur eine ganz überflüssige Zahl liefert (die 4 steht ja schon einmal gleich darüber), sondern auch paläographisch höchst unwahrscheinlich ist; Struve ergänzt eine 20 und interpretiert sie als Umsetzung der in der Figur stehenden Zahl „2" in eine gewöhnliche Zahl — dabei bleibt aber nun die 40 überzählig. Die hier vorgeschlagene Ergänzung entspricht nicht nur einem Schritt der Rechnung, sondern paßt auch sehr gut zu den erhaltenen Zeichenresten (insbesondere von 100 ist noch die ganze linke Hälfte zu erkennen). Vgl. auch JEA 17, S. 160.

[10]) Borchardt, Die altägyptische Zeitmessung = Bassermann-Jordan, Die Geschichte der Zeitmessung und der Uhren, Bd. 1, Lfg. B, Berlin-Leipzig 1920.

[11]) Peet, RMP S. 92; Sethe, Jahresber. d. D. Math. Ver. 33 (1925), S. *140*.

[12]) WB II, 109.

[13]) QS A 1, S. 154.

[14]) Ganz analog wird im Babylonischen (TU 33, Vs. 16) die Höhe eines ausdrücklich als gleichschenklig bezeichneten Dreiecks mit *RI* bezeichnet, ein Terminus, der ebenfalls ursprünglich „Trennende" bedeutet (vgl. dazu oben S. 81 f.).

Im Gegensatz dazu hat die Bezeichnung „Länge“ (*ȝw*) und „Breite“ (*śḫ.w*[15])) nur bei rechtwinkligen Dreiecken eindeutigen Sinn (M 7, M 17)[16]); vgl. auch die Anwendung dieser Termini beim Rechteck (§ 2).

tp rȝ „Mündung“ (wörtl. „Vorn im Mund“[17])). Von Struve als Basis gleichschenkliger Dreiecke erkannt (als Partner von *mrj.t* im Gegensatz zu *ȝw* — *śḫ.w*). Nach der von Struve bemerkten Regel[18]), daß liegend gezeichnete Dreiecke Dreiecke, aufrechte aber Körper (Pyramiden) bezeichnen, paßt auch „Mündung“ besser als „Basis“. Außerdem ist zu bemerken, daß der Zusatz „um es viereckig zu machen“, der in den beiden gleichschenkligen Figuren R 51 und R 52 (vgl. S. 419) der Vorschrift, *tp rȝ* zu halbieren, folgt, nur dann einen geometrisch unmittelbar anschaulichen Sinn hat, wenn die Figur entweder gleichschenklig oder rechtwinklig ist, nicht aber, wenn sie ganz allgemeine Gestalt hat.

ỉdb, wörtl. „Ufer“, bezeichnet, wie aus M 7 folgt, das Verhältnis von „Breite“ zu „Länge“ rechtwinkliger Dreiecke[19]). Es ist vielleicht beachtenswert, daß es sich auch in den beiden anderen Fällen ebener Figuren, in denen Verhältnisse von Stücken vorkommen, um zueinander rechtwinklige Strecken handelt (M 17 rechtwinkliges Dreieck, M 16 Rechteck). Entsprechendes gilt auch für Körper.

ȝḥ.t, wörtl. „Acker“, abwechselnd mit „Land“ bzw. „Fläche“ (= Flächeninhalt) wiederzugeben[20]).

§ 2.

Das Viereck.

1. Meten-Grab.

Es werden oft die Inschriften des aus dem „Alten Reich“ (IV. Dyn.) stammenden Grabes des Meten als Beweis für die richtige Bestimmung der Rechtecksfläche zitiert. Obwohl ich keinen Augenblick bezweifle, daß die Mathematik des AR dieser Aufgabe selbstverständlich gewachsen war, kann ich doch nicht einsehen, wieso sich dies gerade aus dem Metengrab herleiten läßt. Ich kann in dessen Inschriften[21]) nur einige Angaben über den Landbesitz Metens finden, ausgedrückt in *śtȝ.t*[6]), und die Nachricht, daß sein „Haus“ (*pr*) die „Länge (*ȝw*) von 200 Ellen“ und die „Breite (*śḫ.w*) von 200 Ellen“ gehabt habe[22]), ohne daß sich aber eine Beziehung zur Fläche herstellen ließe, und ohne jede Angabe über die geometrische Gestalt der Ländereien.

15) Jünger auch *wśḫ* und *wśḫ.t* (vgl. WB I, S. 365, IV, S. 228).

16) Struve, QS A 1, S. 150.

17) WB II, S. 389.

18) QS A 1, S. 154.

19) Vgl. auch Gunn-Peet, JEA 15, S. 173.

20) Vgl. Gunn, JEA 12 (1926), S. 132.

21) Sethe, Urkunden d. äg. Alt. I, 1 bis 7 und vollständig (worauf mich Dr. J. Polotzky freundlich hinwies) in Äg. Inschr. a. d. kgl. Mus. zu Berlin I, 73 bis 87.

22) Urk. I, 4 (7).

2. R 49. Figur s. Abb. 13.

„Beispiel zur Berechnung[23]) eines Landes (*ȝḥ.t*). Wenn man dir sagt: Ein Viereck (*ỉfd*) an Land, von 10 Hundertellen[3]) zu (*r*) 2 Hundertellen; was ist seine Fläche (*ȝḥ.t*)?“

Rechnung:

1	1 000	$^1/_{10} \cdot 100\,000 = 10\,000$
10	10 000	
100	100 000	$^1/_{10} \cdot {}^1/_{10} \cdot 100\,000 = 1\,000$ „das ist die Fläche“

offenbar nicht zu den Angaben passend (vgl. Peet, RMP S. 90). Sie wäre richtig für ein Quadrat und Umrechnung seiner Fläche in „Ellen“[31]).

3. M 6. Figur s. Abb. 14.

„Beispiel der Berechnung eines [Rechtecks][24]).

Wenn man dir sagt, ein [Rechteck][24]), *n.t śttj* $\overline{2}+\overline{4}$ der Länge (*ȝw*) für (*n*) die Breite (*śḫ.w*).“

Aus Figur und Rechnung folgt, daß es sich um ein Rechteck der Fläche 12 und des Seitenverhältnisses 3:4 handelt. In Lesung und Übersetzung der Angaben liegen viele Schwierigkeiten. Der Schreibung *śttj* schließt sich Struve an; Gunn-Peet[25]) lesen Struves [hieroglyph] als neues Wort [hieroglyph] und übersetzen demgemäß „an enclosure of a set and 2 arurae“ indem sie die vorangehende Gruppe *śt* als eine bisher unbekannte Maßbezeichnung „set“ für 10 Aruren (*śṯȝ.t*[6])) ansehen. So stünde die sonst zu vermissende Angabe Flächeninhalt = 12 doch im Text. Struve[26]) nimmt statt dessen eine irrtümliche Auslassung der 12 an und übersetzt „ein Rechteck von [12 in der] Fläche (*śttj*)“. Vgl. auch unten Nr. 5 und S. 438f..

Rechnung:

$1:(\overline{2}+\overline{4})=1+\overline{3}$.

„Multipliziere diese [12][27]) { die in der Fläche (*śttj*) ist (Struve) | which is in a set and 2 arurae (Gunn-Peet) } mit $1+\overline{3}$; das gibt 16.“

---

[23]) *ỉs.t*; vgl. Gunn, JEA 12, S. 132: „converting into area from given dimensions“ (WB I, S. 128 s. v. *ỉs.t*).

[24]) Die Reste ergänzt Struve (QS A 1, S. 125) zu *p.t* („Matte“, „Platte“), Gunn-Peet (JEA 15, S. 168) zu *ʿ.t* („Kammer“, „an enclosure“).

[25]) JEA 15, S. 170f.

[26]) Gegen die Auffassung von Gunn-Peet hebt Struve (brieflich an mich) hervor, daß die „12“ der Figur durch ∩ǀǀ und nicht durch „1 set 2 *śtȝ.t*“ geschrieben wird.

[27]) Im Text zerstört, Ergänzung aber zweifelsfrei.

$\sqrt{16} = 4 =$ Länge ($\mathit{3w}$) 4 / 1 4
$4 \cdot (\bar{2} + \bar{4}) = 3 =$ Breite ($\acute{s}\underset{\smile}{h}.w$) [12] 3 / 2 16[28]).

Bedeutung: Aus $b:l = {}^3/_4$ mit $F = 12$ wird $\sqrt{\frac{F}{b:l}} = \sqrt{\frac{lb}{b:l}} = \sqrt{l^2} = l$ und $(b:l) \cdot l = b$ berechnet. Vgl. § 1, 3 und § 1, 4 sowie § 6, 4 (S. 415 bzw. 430).

4. K 1.

Formal als 3-dimensionales Problem anzusehen; vgl. daher unter § 6, 4. Im wesentlichen aber analog zu dem eben behandelten M 6.

5. M 18.

Es ist dies eine nicht zu Ende geführte und auch in den Einzelheiten unverständliche Aufgabe. Sowohl in den Angaben wie in der Frage kommt der Terminus *śttjw* vor, der an anderen Stellen wichtig ist. Struve deutet das Ganze als Berechnung der Fläche eines rechteckigen Stoffs von 5 (Ellen) 5 Handbreiten Länge und 2 (Ellen) Breite, was in der Tat die letzte Zahl 80 (Handbreiten^2) ergäbe[29]). Er übersetzt demgemäß *śttjw* als „Fläche“; dies ist für Struve eine wesentliche Stütze seiner Interpretation dieses Wortes und der verwandten Termini (vgl. u. S. 438). Vgl. dagegen Peet, JEA 17 S. 159.

6. R 52. Figur s. Abb. 15.

„Beispiel zur Berechnung eines Abschnittes eines Landes (*ḥ3k.t n.t 3ḥ.t*). Wenn man dir sagt: ein Abschnitt eines Landes von 20 Hundertellen an seiner *mrj.t*, 6 Hundertellen ist sein *tp r3*, 4 Hundertellen an dem Schnitt (*ḥ3k*); was ist seine Fläche (*3ḥ.t*)?“

Rechnung:

tp r3 + *ḥ3.k* = 10

$\frac{1}{2} \cdot 10 = 5$ „um es viereckig (*ỉfd*) zu machen“

$20 \cdot 5 = 10$ „es ist seine Fläche (*3ḥ.t*)“ — nämlich in „Tausend-Land“[4]).

Bei der Figur:

1	1000	/ 1	2000
$\bar{2}$	500	2	4000
		/ 4	8000

zusammen 10000 „macht als Fläche (*3ḥ.t*) 20 (!)“.
„Dies ist sein Betrag an Land (*3ḥ.t*).“

Wegen *mrj.t* als Höhe eines gleichschenkligen Dreiecks (vgl. S. 416) ist auch die Figur hier als **gleichschenkliges** Trapez zu deuten. Seine Fläche soll offenbar durch

$$F = \frac{1}{2}(tp\ r3 + ḥ3.k) \cdot mrj.t$$

[28]) Offenbar Schreibfehler für 8.

[29]) 1 Elle (*mḥ*) = 7 Handbreiten (*šsp*) = 28 Finger (*ḏbʿ*).

berechnet werden. Richtig hieße dies: $F = \frac{1}{2}(600+400)$. 2000 Ellen^2 = 1 000 000 Ellen^2 = 10 Tausend-Land[4]).

7. Metrologisches.

Rein metrologische Umrechnungen enthalten R 54 und R 55 (es sind $^7/_{10}$ *sṯ3.t* bzw. $^3/_5$ *sṯ3.t* in die speziellen Aruren-Bruchteile zu verwandeln). Hieran hätte sich sinngemäß die Aufzählung aller aus anderen Texten bekannten Maßumrechnungen anzuschließen.

§ 3.
Polygone.

1. R 53. Figur s. Abb. 16.

Text fehlt. Figur und Rechnung widersprechen einander. Äußerlich erinnert die Figur an die babylonischen Dreieckszerlegungen (vgl. oben S. 67 ff.).

Die Rechnung $F_1 = \frac{1}{2}\cdot 7\cdot(2+\bar{4}) = 7+\bar{2}+\bar{4}+\bar{8}$[30]) betrifft offenbar ganz richtig die Fläche des linken Teildreiecks.

Restliche Rechnung:

„	/ 1	$4+\bar{2}$
	/ 2	9
	$\bar{2}$	$2+\bar{4}$
	[/] $\bar{4}$	$1+\bar{8}$
	zus.	$5+\bar{2}+\bar{8}$
sein	$\overline{10}$	$1+\bar{4}+\bar{8}+10$ Ellen[31])

sein $\overline{10}$ abgebrochen[32]), denn dies ist der Betrag".

Vermutlich ist dies die (wenn auch fehlerhafte) Berechnung der mittleren Trapezfläche F_2. Die Zahlen der Figur ließen erwarten: $F_2 = \frac{1}{2}(2+\bar{4}+6)(3+\bar{4}) = \frac{8+\bar{4}}{2}\cdot(3+\bar{4})$. In Wirklichkeit wird allerdings $3+\bar{4}$ nicht mit $\frac{8+\bar{4}}{2} = 4+\bar{8}$, sondern mit $4+\bar{2}$ multipliziert; $4+\bar{2}$ könnte aber ein leicht vorkommender[33]) Irrtum bei der Bildung von $\frac{8+\bar{4}}{2}$ sein.

---

[30]) Ausgedrückt in *sṯ3.t* und seinen speziellen Teilmaßen.

[31]) Flächenmaß „Elle" (*mḥ*): ein Rechteck 1 Hundertelle × 1 Elle, d. h. $^1/_{100}$ *sṯ3.t*; eigentlich *mḥ t3* „Landelle" (vgl. Sethe, ZZ S. 79).

[32]) Peet, RMP S. 95, übersetzt hier *ḫbj* wie üblich mit „subtrahieren". Sachlich ist dies hier aber unverständlich. Der Grundbedeutung nach bedeutet *ḫbj* offenbar (vgl. das Determinativ ×) „abbrechen". Wie das akkadische *ḫipu* (womit es natürlich zusammenhängt) wird es also sowohl das subtraktive wie das teilende „abbrechen" bedeuten können. So wird man z. B. auch R 50, Zeile 2 u. 3 *ḫb-ḫr-k* $\bar{9}$*-f m* 1 *d3.t m* 8 einfach übersetzen können: „brich sein 9-tel ab, es ist 1; der Rest ist 8" und so des öfteren.

[33]) Vgl. z. B. den Fehler in R 43: $\overline{90} \rightarrow \overline{45}$ statt $\overline{90} \rightarrow \overline{180}$.

Dann ist noch beim Addieren die 9 übersehen, was $14 + \bar{2} + \bar{8}$ ergeben hätte; nun ist „$1 + \bar{4} + \bar{8} + 10$ Ellen" das Zehntel von $14 + \bar{2} + \bar{4}$ — soll etwa das letzte $\bar{4}$ statt $\bar{8}$ eine (mißglückte) Verbesserung wegen der falschen Ausgangszahl ($4 + \bar{2}$ statt $4 + \bar{8}$) sein? Die nochmalige Division[32]) durch 10 würde schließlich F_2 in Hundertstel-*ś t3.t*, den sog. „Ellen"[31]), ergeben[34]).

Das letzte Trapez fehlt in der Rechnung. Daß die Figur alle Teilgebiete durch ein Dreieck umschließt, paßt offenbar nicht zu den angegebenen Maßen (z. B. Basis = erste Querlinie = 6).

2. Berl. Pap. 6619.

Die Aufgabe von B 1, Kol. II, eine Größe x so zu bestimmen, daß $x^2 + (^3/_4\, x)^2 = 100$ ist, wird wegen des Terminus *ḥ3j.t* „Fläche" in Zeile 3 meist geometrisch interpretiert. Ich habe oben S. 311 (Anm. 31) angedeutet, warum ich dieses Beispiel als *'ḥ'*-Rechnung ansehen möchte.

3. Edfu.

Oft zitiert werden die Felderangaben in der „Schenkungsurkunde" am Horus-Tempel von Edfu. Bearbeitet von Lepsius[35]), ausführlicher publiziert von Brugsch[36]), nach W. Otto zu datieren in das Ende des —2. bzw. Anfang des —1. Jahrhunderts[37]). Eine moderne Publikation des ganzen Tempels von Edfu durch die University of Chicago beginnt eben zu erscheinen[38]). Die aufgezählten Felder lassen sich zum Teil zu ganzen Komplexen zusammenschließen (vgl. Lepsius[35]), Tafel 6). Die Einzelfelder sind Trapeze (auch Rechtecke), unregelmäßige Vierecke und Dreiecke. Die angegebenen Flächeninhalte entsprechen, wie Lepsius erkannt hat, dem Produkt der arithmetischen Mittel der Gegenseiten[38a]). In der manchmal ziemlich arg beschädigten Inschrift sind noch 185 Beispiele einigermaßen eindeutig erhalten. 29 Beispiele sind allgemeine Vierecke mit lauter verschiedenen Seiten[38b]). Die überwiegende Mehrheit (109 Beispiele) besitzt zwei gleiche Gegenseiten, bei 24 Beispielen bestehen beide Gegenseitenpaare aus gleichen Seiten (also Rechtecke?), bei zweien sind sogar alle vier Seiten gleich (Quadrate?).

---

[34]) Vgl. die Rechnung von R 49 (§ 2, 2).

[35]) Abh. d. kgl. Akad. d. Wiss. zu Berlin, 1855, phil.-hist. Abh., S. 69ff.

[36]) Thesaurus inscript. aeg. III (1884) S. 531ff.

[37]) Priester und Tempel im hellenistischen Ägypten Bd. 1 (1905) S. 263 Anm. 2.

[38]) Hinweis von Prof. Kees. Das bisher Erschienene betrifft aber noch nicht die „Schenkungsurkunde".

[38a]) M. Simon hat in seiner „Geschichte der Mathematik im Altertum" (Berlin 1909), S. 49 ohne nähere Begründung die Behauptung aufgestellt, es seien diese Rechnungen nicht nach der von Lepsius entdeckten Formel gerechnet, sondern es handle sich „um angenäherte Quadratwurzelausziehung". Da diese Behauptung überhaupt nur hinsichtlich der Dreiecke Sinn haben *könnte*, so genügt es, diese Fälle zu kontrollieren. Unter den 21 noch kontrollierbaren Dreiecksbeispielen finden sich aber nur 3 Ausnahmen von Lepsius' Formel und diese sind offenbar ganz grobe Rechen- oder Schreibfehler.

[38b]) Darunter *ein* Beispiel, dessen Gegenseitenpaare beide Male gleich sind (3 zu $3 + \bar{2}$); die Figur ist also ein Rhomboid (Brugsch[36]) V, 5).

Unter den Dreiecken sind 3 ganz unregelmäßig, 15 gleichschenklig[38c]), 3 gleichseitig. Der Text enthält ziemlich viele Rechen- und Schreibfehler, die aber oft in den Summierungen ausgeglichen sind. Oft sind es nur Vereinfachungen von zu langen Bruchreihen, insbesondere, wenn sie über $^1/_{64}$ (den kleinsten selbständigen Aruren-Bruchteil) hinausgehen.

Beispiele:

Brugsch[36]) I, 7: „22 zu 23; 4 zu 4; soviel wie[39]) 90 ist es. Nördlich: 22 zu 21; 4 zu 4; soviel wie 86 ist es" usw.

I, 13, 14: „Maße: das erste von Norden: $45^1/_4$ zu $33^1/_2$ $^1/_4$; 17 zu[40]) 15; soviel wie 632 Land. Ein anderer Besitz, südlich, ist in Hundertellen[41]) $48^1/_4$ zu $48^1/_4$; 5 zu 4; soviel wie $217^1/_8$ ist es. Es macht im Westen: (ein) *sṯꜣ.t* $^1/_4$ $^1/_8$ $^1/_{16}$ $^1/_{32}$; soviel wie $218^1/_4$ $^1/_8$ $^1/_{16}$ $^1/_{32}$[42]); soviel wie[43]) $850^1/_2$ $^1/_{16}$ $^1/_{32}$".

I, 19, 20: „13 zu 13; 8 zu 8; soviel wie 104 Land".

III, 13: „Das erste von Süden: Nichts[44]) zu 5; 17 zu 17, soviel wie $42^1/_2$".

VI, 6: „1 zu nichts[44]); 1 zu 1; soviel wie $^1/_2$".

VI, 9: „Südlich: 2 zu $1^1/_2$; 1 zu nichts[44]); macht $^1/_2$ $^1/_4$ $^1/_8$".

§ 4.

Der Kreis.

1. R 50. Figur s. Abb. 17.

„Beispiel zur Berechnung eines runden Feldes (*ꜣḥ.t dbn*) von 9 Hundertellen;
was ist sein Betrag an Fläche (*ꜣḥ.t*)?"

[38c]) Sethe hat neuerdings (Jahresbericht d. D. Math. Ver. 40 (1931) S. *64* f.) den Standpunkt vertreten, diese dreieckigen Felderstücke seien in Wahrheit wohl rechtwinklig gewesen und nur zur Erleichterung der Rechnung seien eine Kathete und die Hypotenuse einander gleich gesetzt. Im selben Sinne wäre die *mrj.t* (vgl. S. 416) „zugleich die Seite des Dreiecks und Höhe". Dagegen läßt sich meines Erachtens einwenden, daß es sich bei der Schenkungsurkunde um eine Aufzählung wirklicher Felder handelt, daß es also wenig wahrscheinlich erscheint, daß man bereits bei den Angaben ihrer Maße Idealisierungen vornimmt, wie man ja auch sonst alle möglichen Einzelheiten ihrer Lage an bestimmten Kanälen usw. genau angibt. Wohl aber wird die Ausrechnung abgekürzt, schon wegen der oft fehlenden ganz kleinen Maßbruchteile. Auch vom Standpunkt der Sauberkeit der Terminologie und der Bestimmtheit mathematischer Vorstellungen scheint mir doch Struves S. 416 genannte Ansicht historisch wahrscheinlicher.

[39]) So möchte ich dieses *r ... pw* übersetzen; Lepsius[35]) (S. 77) faßt es auf als *ỉrj* „das macht". Vgl. WB II S. 388 und I S. 111.

[40]) *ỉw* (statt des *r* sonst); vgl. WB I S. 42.

[41]) *ḫt n nwḥ*, gleichwertig *ḫt* Hundertelle (wörtl. „*ḫt* aus Seil").

[42]) So statt 218 $^1/_2$ $^1/_{16}$ $^1/_{32}$. (Alle Brüche in den speziellen Zeichen der Aruren-Bruchteile.)

[43]) Gesamtsumme.

[44]) Negationszeichen *n*.

Rechnung:

$$(9-\bar{9}\cdot 9)\cdot(9-\bar{9}\cdot 9)=64=60+4\ \textit{śṯ3.t}.$$

In Formeln besagt dies, daß die Kreisfläche $F=\left(d-\frac{d}{9}\right)^2=\left(\frac{8}{9}\right)^2 d^2$ gesetzt wird, was $\pi \approx \frac{256}{81}=3{,}1605\ldots$ entspricht.

2. R 48. Figur s. Abb. 18.

Kommentarlose Rechnung:

1		8 *śṯ3.t*	/ 1		9 *śṯ3.t*
2	1[45]	6 *śṯ3.t*	2	1[45]	8 *śṯ3.t*
4	3	2 *śṯ3.t*	4	3	6 *śṯ3.t*
/ 8	6	4 *śṯ3.t*	/ 8	7	2 *śṯ3.t*
			zus.	8	1 *śṯ3.t*

Wenn die 9 der Figur Quadratseite d bzw. Kreisdurchmesser d angibt, so wird hier die Kreisfläche $(^8/_9\, d)^2$ und die Fläche d^2 des umschriebenen Quadrates berechnet.

3. Halbkugel, Zylinder, Kegelstumpf.

Bei Halbkugel und Zylinder entspricht die Kreisrechnung den beiden vorangehenden Beispielen (vgl. § 5 und 7). Dagegen wird bei einer Kegelstumpfberechnung π durch 3 approximiert (vgl. § 8, 8).

a)

4. Ellipse.

Borchardt hat ÄZ 34 (1896) S. 75f. eine Zeichnung an einer Mauer des Luqsortempels (Zeit nach Ramses III., d. h. nach —1150) veröffentlicht, deren Aussehen Abb. 1a, deren Maße Abb. 1b gibt. Borchardt hat die Vermutung ausgesprochen, daß die 4 Teilbogen der Kurve aus Kreisen der Mittelpunkte M_1, M_2 bzw. M_1', M_2' bestehen[46]) (vgl. Abb. 1b), bzw. daß das Rechteck mit der „Ellipse" flächengleich sein solle (was auch zahlenmäßig sehr genau der Fall ist: l. c. S. 76). Wenn die letztere Annahme zutreffen sollte und für $\frac{\pi}{4}$ dieselbe Approximation wie z. B. R 50 und R 48 angewandt wäre, so müßte das flächengleiche Rechteck überall um ein Neuntel

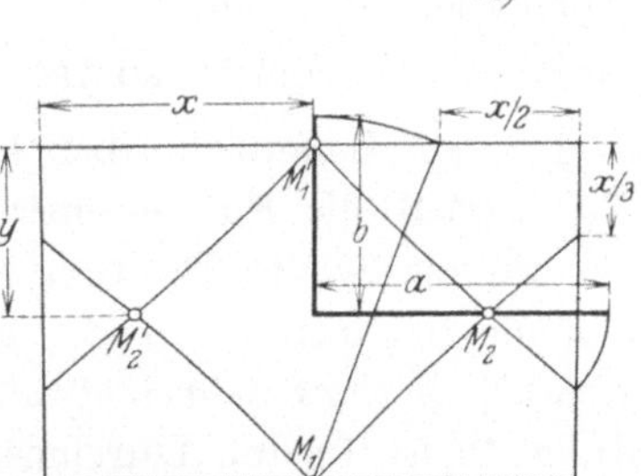

b)

Abb. 1.

[45]) Offenbar „Tausend-Land". Vgl. Anm. 6.

[46]) Diese Konstruktion ist natürlich nur bei einem ganz bestimmten Verhältnis von $x:y$ möglich $\left(y=\frac{31}{48}x \approx \frac{2}{3}x\right)$, das im vorliegenden Falle auch recht gut realisiert ist $\left(\text{es ist ja } d_2=\frac{2}{3}d\right)$.

gegen die Ellipsen-Halbachsen eingerückt sein[47]): also $x \approx a - \overline{9}a$, $y \approx b - \overline{9}b$. Vgl. auch S. 429.

Ferner hat Daressy (Annales du service des antiquités de l'Égypte 8, 1907, S. 237ff.) in der Kurve einer Werkzeichnung für eine Gewölbekonstruktion einen Ellipsenbogen erkennen wollen.

§ 5.

Krumme Flächen.

1. M 10.

„Beispiel zur Berechnung einer *nb.t*. Wenn man dir sagt: eine *nb.t* von *tp r3* zu (*r*) $4^1/_2$ *m ʿḏ*, laß mich wissen ihre Fläche (*3ḥ.t*): Nimm $^1/_9$ von 9, weil die *nb.t* die Hälfte des *i*[*nr*] ist; das macht 1"	$t = 4^1/_2$
$9 - 1 = 8$	$2t - {}^1/_9\, 2t = 8$
$^1/_9 \cdot 8 = \overline{\overline{3}} + \overline{6} + \overline{18}$	
$8 - (\overline{\overline{3}} + \overline{6} + \overline{18}) = 7 + \overline{9}$	
$(7 + \overline{9}) \cdot (4 + \overline{2}) = 32 =$ Fläche (*3ḥ.t*).	$F = t\left\{(2t - {}^1/_9\, 2t) - \frac{1}{9}(2t - {}^1/_9\, 2t)\right\}$

Die Formel des Textes läßt sich sofort in $F = \frac{1}{2}({}^8/_9 \cdot 2t)^2$ umformen. Nimmt man an, daß *tp r3* $= t$ den Radius eines Kreises vom Durchmesser $d = 2t$ bedeute, so wäre $F_1 = \frac{1}{2}({}^8/_9 d)^2$ die Fläche eines Halbkreises (vgl. § 4). Bedeutet aber *tp r3* soviel wie Durchmesser, so ist $F_2 = 2({}^8/_9 d)^2$ die Fläche einer Halbkugel des Durchmessers $t = d$.

Für die zweite Deutung sind, nach Struve[48]), vor allem folgende Gründe anzuführen: 1.) *nb.t* bedeutet soviel wie „Korb" (Schriftzeichen ⌣ *nb*). 2.) *tp r3*, wörtl. etwa „vorderster Teil des Mundes", d. h. „Mündung"[49]), ist für den Durchmesser der Halbkugel eine ganz naturgemäße Bezeichnung, nicht aber für den halben Kreisdurchmesser. 3.) Es heißt „*tp r3* zu (*r*) $4^1/_2$"; Struve hat ausführlich auseinandergesetzt[50]), daß durch ein solches „zu" ausgedrückt werden kann, daß es sich um gleichartige Erstreckungen in zueinander senkrechten Richtungen handelt[51]). 4.) Der Zusatz „*m ʿḏ*" zu dem *tp r3 r* $4^1/_2$, der sich etwa mit „in

[47]) Das hieße mit den Maßen der Zeichnung: bei der großen Achse beiderseits je 8,85 cm (statt 7 cm), bei der kleinen Achse 5,75 cm (statt 7,5 cm).

[48]) QS A 1 S. 157ff.

[49]) Vgl. auch die Terminologie beim gleichschenkligen Dreieck; oben S. 417.

[50]) Insb. S. 161.

[51]) Z. B. M 14 „zu 2" für die quadratische Deckfläche des Pyramidenstumpfes (vgl. S. 437).

Erhaltung" übersetzen läßt[52]), weist wohl besonders darauf hin, daß es sich um den Hauptkreis-Durchmesser handelt (*ʿḏ* = wohlbehalten, unversehrt sein). 5.) Das Gebilde, als dessen „Hälfte" die *nb.t* bezeichnet wird, ist durch ein Wort bezeichnet, dessen erster Buchstabe zwar sicher *ỉ* ist, dessen Fortsetzung aber sicher nicht *ỉ*[*tn*] „Sonnenscheibe" geheißen hat, wohl aber eine Ergänzung *ỉ*[*nr*] zuläßt, ein Wort, das neben seiner Hauptbedeutung „Stein" auch in der Bedeutung „Eischale" belegt ist, was als Bezeichnung einer Hohlkugel denkbar wäre[53]).

Da die Worte „weil die *nb.t* die Hälfte des *ỉ*[*nr*] ist" ersichtlich als Begründung des Schrittes „nimm $^1/_9$ von 9" gemeint sind, wird man dies als Hinweis darauf deuten müssen, daß $9 = 2d$ nur bei der Halb-Kugel richtig ist, daß also die Vollkugel-Oberfläche durch

$$F = d\,\{(4\,d - {}^1/_9 \cdot 4\,d) - {}^1/_9\,(4\,d - {}^1/_9 \cdot 4\,d)\}$$

berechnet werden müßte. Struve[54]) hat daraus geschlossen, daß

$$U = (4\,d - {}^1/_9 \cdot 4\,d) - {}^1/_9\,(4\,d - {}^1/_9 \cdot 4\,d)$$

die Formel für den Kreisumfang gewesen sei; $\left(\frac{8}{9}\right)^2 = \varkappa \approx \frac{\pi}{4}$ gesetzt wäre also

$$\text{Kreisumfang} = \varkappa \cdot 4\,d$$
$$\text{Kreisfläche} = \varkappa\,d^2 = \frac{1}{4} \cdot d \cdot \text{Kreisumfang}$$
$$\text{Kugeloberfläche} = 4\ \text{Kreisfläche} = 4\,\varkappa\,d^2 = \text{Kreisumfang} \cdot d$$
$$\text{Halbkugeloberfläche} = d \cdot \varkappa \cdot 2\,d.$$

Korrekturzusatz.

Die Freundlichkeit von Prof. Peet ermöglicht es mir, hier schon über eine ganz neue Wendung zu berichten, die die Interpretation von M 10 seither genommen hat. Man verdankt sie einer soeben in JEA 17 S. 100ff. erschienenen Arbeit von Prof. Peet, deren Korrekturen mir bereits zugänglich waren, wofür ich dem Verfasser auch an dieser Stelle meinen Dank aussprechen möchte.

Wie schon oben auseinandergesetzt, beruht die Erklärung von M 10 als Berechnung der Halbkugeloberfläche darauf, daß in der Formel

$$F = t\,\{(2\,t - {}^1/_9\,2\,t) - {}^1/_9\,(2\,t - {}^1/_9\,2\,t)\} = t\left(\frac{8}{9}\right)^2 \cdot 2\,t$$

die Größe $t = tp\ r3 = 4^1/_2$ der „Mündung" als Durchmesser d, nicht als Radius, eines Kreises gedeutet wird, was zur Folge hat, daß

$$F = 2\left(\frac{8}{9}\,d\right)^2 \approx \frac{\pi}{2}\,d^2$$

die Halbkugelfläche bedeuten muß.

[52]) Struve QS A 1 S. 162f. [53]) Struve QS A 1 S. 163ff. [54]) S. 168.

Diese Schlußweise bleibt solange zwingend, als in den Angaben nur *eine* Größe (nämlich *t*) vorkommt. Peet eröffnet nun eine neue Möglichkeit dadurch, daß er eine grammatisch ganz glatte Übersetzung vorschlägt, die sehr ernste Bedenken der Struveschen Übersetzung vermeidet. Allerdings muß er einen Auslassungsfehler in den Angaben annehmen, der sich aber ohne weiteres aus einer paläographisch wie inhaltlich nahegelegten Verlesung des Abschreibers erklären läßt. Nach Peet hat man zu übersetzen[54a]):

1. „Beispiel zur Berechnung einer *nb.t*
2. Wenn man dir sagt: eine *nb.t* [von $4^1/_2$] an (*m*) Durchmesser (*tp r3*)
3. zu (*r*) $4^1/_2$ an (*m*) *ʿḏ*; laß
4. mich wissen ihre Fläche: nimm
5. $^1/_9$ von 9, weil die *nb.t*
6. die Hälfte der *ỉ*[*p*.]*t* ist; das macht 1.“

usw.

Der wesentliche Unterschied gegen Struve ist: 1. die Ergänzung der Worte „von $4^1/_2$“ in Zeile 2 (der spezielle Zahlenwert $4^1/_2$ wird natürlich durch die folgende Rechnung gefordert). Dadurch erhalten 2. die beiden Präpositionen *m* in Zeile 2 und 3 ihre übliche Bedeutung; 3. erhält *r* „zu“ in Zeile 3 den naturgemäßen Sinn einer Verbindung *zweier* Maßangaben, was 4. nach sich zieht, daß „$4^1/_2$ an Durchmesser (*tp r3*)“ und „$4^1/_2$ an *ʿḏ*“ als *zweierlei* Dimensionsangaben zu fassen sind, wobei allerdings *ʿḏ* als bisher unbekannter Terminus auftritt[54b]). Schließlich schlägt Peet 5. in Zeile 6 die Lesung *ip.t* vor, die vielleicht etwas besser zu den Resten paßt, als das *inr* von Struve und die höchst unsichere Deutung „Eierschale“ ~ „Kugel“ vermeidet.

Bevor ich auf Peets neue Interpretation bzw. andere Möglichkeiten eingehe, möchte ich mit aller Klarheit hervorheben, daß ich es bei dieser neuen Sachlage unter allen Umständen für ganz unzulässig halte, das Beispiel M 10 noch weiterhin als Berechnung der Halbkugeloberfläche gelten zu lassen. Eine Tatsache von einer derartigen prinzipiellen Bedeutung, wie es Struves Interpretation von M 10 darstellt, kann nur angenommen werden, wenn es sich um absolut gesicherte Belege handelt. Man mag sich zu Peets Ansichten stellen, wie man will[54c]): solange auch nur irgendeine andere Interpretationsmöglichkeit offen bleibt, muß M 10

[54a]) Einige Termini lasse ich zunächst wieder unübersetzt.

[54b]) Struves Ausweg „in Erhaltung“ war auch nur eine Verlegenheitslösung, die sich nur zur Not mit dem Hinweis auf einen „Hauptkreis“ der Kugel rechtfertigen ließ.

[54c]) Ich persönlich möchte mich ihnen vollinhaltlich anschließen, abgesehen von einer später zu besprechenden Modifikation seines Deutungsversuches.

als einziger Kronzeuge für die Oberflächenberechnung der Halbkugel in Ägypten wegfallen. Dies nicht anerkennen, hieße, Geschichte auf unbewiesene Hypothesen stellen.

Interpretationsmöglichkeiten.

Setzt man *tp r3* $=4^1/_2=d$ und *ʿḏ* $=4^1/_2=a$, so lautet die Formel von M 10:

$$F=a\{(2d-{}^1/_9 2d)-{}^1/_9(2d-{}^1/_9 2d)\}$$
$$=a\left(\frac{8}{9}\right)^2 2d\approx a\frac{\pi d}{2}.$$

Daraus läßt sich sofort Peets Interpretation gewinnen. Man deute $a=$ *ʿḏ* als neuen Terminus für „*Höhe*" eines Zylinders; dann ist F die Fläche des *Halbzylinders*. Peet denkt dabei an ein Gefäß („Korb") der in Abb. 2 gezeichneten Lage. Die Worte „denn die *nb.t* (der Korb) ist die Hälfte der *ip.t*" würden dann besagen, daß der ganze Zylinder *ip.t* heißt, was sich mit einer bekannten Bedeutung dieses Wortes „Art Maß für Früchte u. ä." (WB I S. 67) vereinbaren ließe.

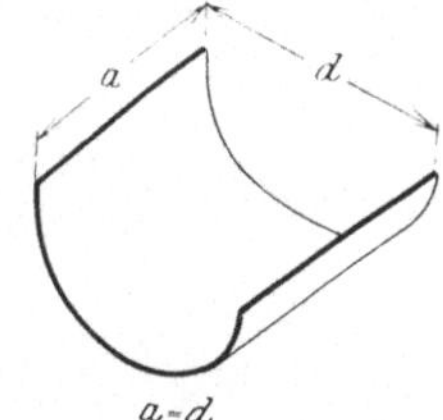

Abb. 2.

Trotz der rechnerischen Zulässigkeit dieser Interpretation möchte ich das Bedenken geltend machen, daß dieser „Korb" offen sein müßte[54d]), da die Stirnflächen (Halbkreise) *nicht* mit berechnet werden; ebenso wäre *ip.t* nur eine zylindrische Röhre und kein abgeschlossenes Gefäß. Ich möchte daher noch auf eine andere Möglichkeit hinweisen.

Man denke sich einen kuppelförmigen Speicher mit kreisförmiger Basis, aber höher gewölbt als eine Halbkugel (vgl. Abb. 3), wie sie uns aus zahlreichen Darstellungen bekannt sind. Ein Durchmesser von $4^1/_2$ Ellen (dies ist wohl die zugrunde zu legende Maßeinheit) entspricht auch recht gut den erhaltenen Maßen von 2 bis 3 Meter Durchmesser[54e]). Es fragt sich nur, wie dann *ʿḏ* zu interpretieren ist. Mit Rücksicht auf die Verständlichmachung der Formel möchte ich es als die auf der Oberfläche des Speichers vom höchsten Punkt bis zur Basis gemessene Randlänge auffassen (Abb. 3). Dann könnte man sich nämlich die Entstehungsweise der Formel

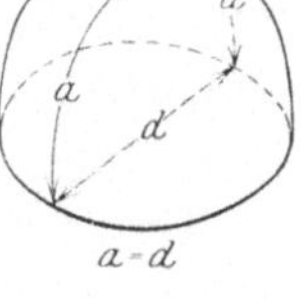

Abb. 3.

$$F=\left(\frac{8}{9}\right)^2 a\,d\approx a\frac{\pi d}{2}$$

folgendermaßen veranschaulichen. Man denke sich die Oberfläche des Körpers vom höchsten Punkt aus in ganz schmale Gebiete zerlegt

[54d]) Die ägyptische Zeichnung davon müßte m. E. ◡ und nicht ⌓ aussehen.

[54e]) Vgl. beispielsweise Erman-Ranke, Ägypten und ägyptisches Leben im Altertum, Tübingen 1923, S. 521.

(Abb. 4), dann diese Art sphärischer Dreiecke aufgebogen und die kreisförmige Grundlinie gerade gezogen; dann entsteht etwa die in Abb. 5 gezeichnete Figur, deren Fläche ungefähr der Oberfläche des Speichers gleich ist. Die Gesamtfläche dieser Dreiecke ist aber offenbar $\frac{d\pi}{2} \cdot a$, wie es unserer Formel entspricht[54f]).

Als Stütze dieser Ansicht wäre vielleicht noch anzuführen, daß sich die Übersetzung „Rand" für *ʿḏ* mit einem andern Gebrauch dieses Wortes, nämlich „Land am Wüstenrand"[54g]) in Parallele setzen ließe.

Abb. 4.

Eine Schwierigkeit könnte aber in den Worten, „denn die *nb.t* ist die Hälfte der . . ." erblickt werden, denn nach der eben angegebenen Interpretation wäre die *nb.t* eine Bezeichnung des ganzen Behälters[54h]). Ich möchte daher diese Stelle nur rein mathematisch zu fassen suchen, ganz analog wie bei den Dreiecksberechnungen die Worte „um es viereckig zu machen" die Halbierung der *tp r3*, d. h. der Basis, motivieren sollen[54i]). In unserem Falle wäre $a . d$ die gesamte Rechtecksfläche, deren Hälfte erst die Summe der Dreiecke, d. h. die Speicheroberfläche bildet. Diese Erklärung stünde also genau an der entsprechenden Stelle beider Aufgabentypen. Das Wort *ỉ▨t* in Zeile 6 müßte demnach die Bedeutung „Rechteck" haben. Leider passen die Reste keinesfalls zu der naheliegendsten Ergänzung *ỉfd* „Viereck".

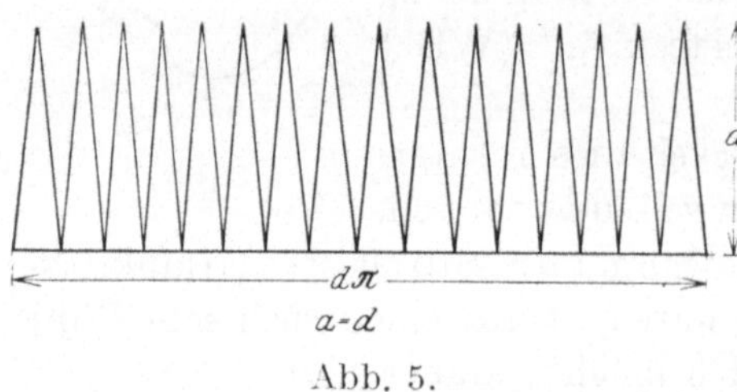

Abb. 5.

Es lassen sich natürlich nun auch noch andere Interpretationsversuche anstellen. Ich glaube aber, daß man sich der Ansicht Prof. Peets anschließen muß, „that none of us is likely to be able to establish a solution of the problem by logical proof, for the data given are insufficient" – wenigstens solange wir nicht die Termini eindeutig verstehen.

[54f]) Die Anregung zu diesem Interpretationsversuch gab mir eine Stelle in Colebrookes Algebra with Arithmetic and Mensuration from the Sanscrit of Brahmegupta and Bhascara, London 1817, S. 88, Anm. 3. Dort ist in analoger Weise die Kreisfläche auf Dreiecke über dem Kreisumfang mit dem Radius als Höhe zurückgeführt. — Die Figuren 2 bis 5 sind übrigens maßstäblich einheitlich konstruiert, entsprechen also genau den Größenverhältnissen der beiden hier besprochenen Möglichkeiten.

[54g]) WB I, 239. Das Determinativ in M 10 XVIII, 3 läßt sich natürlich mindestens ebensogut als [Hieroglyphe] lesen, wie als [Hieroglyphe].

[54h]) „Korb" ist natürlich auch ein „Behälter", so daß die übliche Übersetzung von *nb.t* keinen Einwand darstellen muß.

[54i]) Vgl. z. B. oben S. 417.

Bemerkungen zur ägyptischen Approximation von π.

Struve hat die Hypothese aufgestellt[55]), daß man zu $\frac{\pi}{4} \approx \varkappa = (1 - \overline{9}) - \overline{9}(1 - \overline{9})$ durch Messung des Kreisumfanges U_K und Vergleich mit dem Umfang U_Q des umschriebenen Quadrates gelangt sei. Der spezielle Zahlenwert von $\varkappa$ wird dadurch erklärt, daß sich leicht ausmessen läßt, daß $U_Q = 5 \cdot \frac{U_K}{4} + \varepsilon$ ist und daß die kleine Differenz ε bei dyadischer Unterteilung von $\frac{U_K}{4}$ praktisch gleich $\frac{1}{16} \cdot \frac{U_K}{4}$ ist, so daß $U_Q = \frac{81}{16} \cdot \frac{U_K}{4}$, d. h. $\frac{U_K}{U_Q} = \frac{64}{81} = \varkappa$ wird.

Sucht man sich nicht nur den Zahlenwert, sondern auch den speziellen Bau von $\varkappa$ (insbesondere nach M 10) zu erklären, so bietet vielleicht die Figur von R 48 (vgl. Abb. 18a) einen Anhaltspunkt, da ja dort der Vergleich von Kreisfläche $F_K = d^2 \varkappa$ und Quadratfläche $F_Q = d^2$ veranschaulicht wird. Es wäre vielleicht an Hand dieser Figur an eine erste polygonale Annäherung des Kreises zu denken (ähnlich der bei der Ellipse § 4, 4) mit $\frac{d}{3}$ als Teilpunktabstand (vgl. Abb. 6). Die erste durch eine solche Figur unmittelbar nahegelegte Korrektur $d^2 - \overline{9}\,d^2 - \overline{9}\,d^2$ erweist sich als zu grob[56]) — was z. B. am Zylindervolumen leicht kontrollierbar ist —, während eine bloß formale Iterierung des ersten Schrittes $-\overline{9}\,d^2$ sofort zu dem sehr guten Ergebnis $(d^2 - \overline{9}\,d^2) - \overline{9}\,(d^2 - \overline{9}\,d^2) = \varkappa d^2$ führt. Eine solche Vorliebe für formale Wiederholungen ist nicht nur durch die ganze ägyptische Rechentechnik bezeugt, sondern auch in Beispielen wie R 28, R 29, R 37[57]) verfolgbar. — Eine wirkliche Entscheidung können aber wohl nur neue Texte bringen.

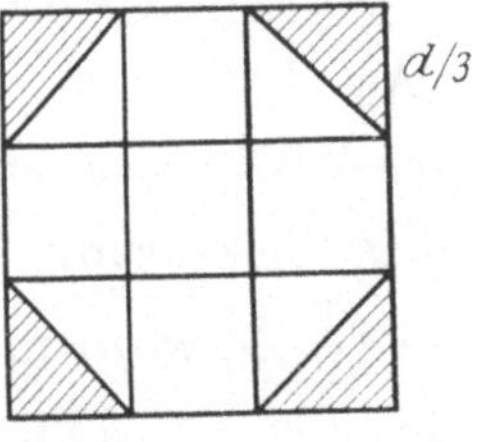

Abb. 6.

§ 6.

Würfel und Quader.

1. R 44. Figur s. Abb. 19.

„Beispiel zur Berechnung[69]) eines viereckigen (*ỉfd*) Speichers, seine Länge (*3w*) 10, seine Breite (*sḫ.w*) 10, seine Höhe (*ḳ3.w*) 10, was geht in ihn hinein an Korn?"

Rechnung:

$10 \cdot 10 \cdot 10 = 1000$	d. i. Volumen in Kubikellen
$\frac{3}{2} \cdot 1000 = 1500$	d. i. Volumen in *h̲3r*[58])
$\frac{1}{20} \cdot 1500 = 75$	d. i. Volumen in Quart-Hundert-*ḥḳ3.t*[58]).

[55]) QS A 1 S. 178f.

[56]) Es wäre $\pi \approx 3{,}11 \ldots$.

[57]) Vgl. z. B. oben S. 307 und 312.

[58]) *h̲3r* „Sack", *ḥḳ3.t* „Scheffel". Es ist 1 *h̲3r* = 20 *ḥḳ3.t* = 5 Quart-*ḥḳ3.t* = $\frac{1}{20}$ Quart-Hundert-*ḥḳ3.t* = $^2/_3$ Ellen^3. 1 Elle = 52,3 cm; 1 *ḥḳ3.t* = 4,7 Liter. Über eine andere Normierung des *h̲3r* vgl. Gardiner, Eg. Grammar, Oxford 1927, § 266.

2. R 45.

„Ein Speicher; es geht in ihn hinein Korn 75 Quart-Hundert-$\underset{.}{h}\underset{.}{k}\mathfrak{z}.t$; er ist wieviel zu wieviel (*wr r wr*)?"

Rechnung:

$75 \cdot 20 = 1500$	Volumen in $\underline{h}\mathfrak{z}r$
$\frac{1}{100} \cdot 1500 = 15$	
$\frac{2}{3} \cdot 15 = 10$	
„also 10 zu (*r*) 10 zu (*r*) 10"	Mit Rücksicht auf den Übergang zu Ellen[3].

Zu 1500 wird bemerkt: „siehe es ist sein *śtwtj*."

Aus R 44 folgt, daß das Volumen eines Würfels der Kante a Ellen durch $V = \frac{2}{3} \cdot \frac{1}{20} \cdot a^3$ in $\underset{.}{h}k\mathfrak{z}.t$ ausmacht. R 45 ist davon die rein zahlenmäßige Umkehrung, denn es wird zur Bestimmung von a gebildet: $20 \cdot V \cdot \frac{1}{a^2} \cdot \frac{2}{3}$, wozu man schon a kennen müßte $\left(\text{statt } a = \sqrt[3]{20 \cdot \frac{3}{2} \cdot V}\right)$. — Zu *śtwtj* s. S. 438.

3. R 46.

„Ein Speicher; es geht in ihn hinein Korn 25 Quart-Hundert-$\underset{.}{h}k\mathfrak{z}.t$; was ist sein Betrag ($r\underset{.}{h}t$)?"

Rechnung:

$25 \cdot 20 = 500$ „es ist sein *śtwtj*"	Volumen in $\underline{h}\mathfrak{z}r$
$\frac{1}{10} \cdot 500 = 50$	
$\frac{1}{20} \cdot 500 = 25$	überflüssiger Schritt
$\frac{1}{10} \cdot \frac{1}{10} \cdot 500 = 5$	
$\frac{2}{3} \cdot \frac{1}{10} \cdot \frac{1}{10} \cdot 500 = 3^1/_3$	

„Es wird der Speicher Ellen ($m\underset{.}{h}$) 10 zu (*r*) 10 zu (*r*) $3^1/_3$."

Die Rechnung nimmt ganz willkürlich an, daß zwei Kanten des Quaders gleich groß seien ($a = b = 10$). Dann wird c aus $20 \cdot V \cdot \frac{1}{a^2} \cdot \frac{2}{3}$ berechnet (vgl. oben R 45!). Der Sinn aller derartigen Aufgaben ist offenbar allein in den Maßrelationen zu suchen. — Zu *śtwtj* vgl. S. 438.

4. K 1.

Anfang mit den Angaben zerstört. Aus der Ausrechnung läßt sich schließen, daß es sich um einen Quader gegebenen Volumens, der Höhe 10 Ellen und des Verhältnisses 3:4 der beiden anderen Seiten handelt.

Die sehr beschädigten drei ersten Zeilen lassen gerade noch erkennen, daß das Volumen in *hnw*[59]) gegeben war. Aus dem Resultat folgt, daß dieses Volumen 120 Ellen³ $= 3600$ *hnw* $= 9$ Quart-Hundert-*ḫḳ3.t* betragen mußte. Welche Bedeutung aber der erste erhaltene Schritt $40 \cdot 3 = 120$ der Rechnung hatte, dessen Ergebnis offenbar die Umwandlung des Volumens in Ellen³ ist, ist mir nicht klar[60]).

Rechnung:

$40 \cdot 3 = 120$	$120 =$ Volumen in Ellen³ $= V$
$\frac{1}{10} \cdot 120 = 12$	$\frac{1}{a} V = bc$
$1 : (\bar{2} + \bar{4}) = 1 + \bar{3}$	
$12\ (1 + \bar{3}) = 16$	$bc \cdot \left(1 : \frac{c}{b}\right) = b^2$
$\sqrt{16} = 4$	$\sqrt{b^2} = b$
$(\bar{2} + \bar{4}) \cdot 4 = 3$	$\frac{c}{b} \cdot b = c$

„Es macht 10 *ḥ3j.t* von 4 zu (*r*) 3 Ellen.“

Nach Erlangung der Querschnittsfläche 12 ist die Rechnung von K 1 völlig parallel zu der von M 6 (vgl. § 2, 3). Die „10 *ḥ3j.t* von 4 zu 3 Ellen“ interpretiert Schack-Schackenburg sicher mit Recht als 10 Schichten der Höhe 1 Elle[61]). Gunn[62]) übersetzt es mit „surface“; hier müßte man etwa „10 Lagen“ sagen, da uns „10 Flächen“ zu ungewohnt klingt.

5. Statuenaufstellung (Anastasi I, 16, 6—17, 3).

„Anastasi I“ ist ein Text des NR (etwa —1250 geschrieben), enthaltend eine „literarische Streitschrift“, in der ein Schreiber einem andern vorhält, was er alles nicht wisse[63]). Darunter auch 3 geometrische Aufgaben (vgl. § 8, 9 und § 8, 10), deren letzte verlangt, die Anzahl der für eine Statuenaufstellung nötigen Arbeiter zu berechnen. Die Statue (wohl ihr Block) soll sein „30 Ellen auf dem Boden ausgestreckt, Breite (*wsḫ.t*) 20 Ellen *snn*“. Die letzte Angabe bedeutet

---

59) 1 *hnw* $= \frac{1}{10}$ *ḫḳ3.t* $= \frac{1}{40}$ Quart-*ḫḳ3.t* $= \frac{1}{300}$ Elle³.

60) Schack-Schackenburg ging ÄZ 38, S. 138 von der Annahme aus, es sei 1 Hundert-*ḫḳ3.t* = 3 Ellen³ (statt 10/3 Ellen³), so daß der Quader 40 (statt 36) Hundert-*ḫḳ3.t* gefaßt hätte.

61) Vgl. z. B. die babylonische Volumeinheit 1 SAR (*musar*) = (1 GAR)². 1 Elle gleichnamig mit der Flächeneinheit 1 SAR (*musar*) = 1 GAR². S. o. Anm. 31.

62) JEA 12, S. 130.

63) A. H. Gardiner, Egyptian Hieratic Texts, Series I, Part I, Leipzig 1911. Dort weitere Literaturangaben. Übersetzung auch in Erman, Die Literatur der Aegypter, Leipzig 1923, S. 270ff.

wohl, daß die Grundfläche quadratisch[64]) sein soll. Zum Aufstellen dienen 100 Kammern (*šmm.t*) mit einer „*ḏ3j*" von „Breite (*wsḫ.t*) 8 4 Ellen"[65]) und „Höhe (*ḥj*) 50 Ellen. Diese seitlich um einen hohen Sandkasten herum angebrachten Kammern dienen dann dazu, den Sand aufzunehmen, auf dem die Statue zunächst liegt und sie dadurch allmählich schräg zu stellen und schließlich ganz aufzurichten[65a]). Im einzelnen noch manches unklar; alle Körper sind wohl Quader. Zur technischen Seite des Problems vgl. Gardiner l. c. Anm. 63 S. 34* und die dort zitierte Literatur; ferner U. Hölscher, Das Grabdenkmal des Königs Chephren (Veröff. d. E. v. Sieglin-Exped. 1), Leipzig 1912, S. 73 und S. 76f. sowie Clark-Engelbach, Ancient Egyptian masonry, London 1930 und die dort zitierte Literatur.

6. Metrologisches.

R 47 gibt von 100 Quart-*ḥḳ3.t* an, wie sich ihr $^1/_{10}$, $^1/_{20}$, ..., $^1/_{100}$ durch die üblichen Scheffelbruchteile ausdrückt. Daß im Text „ein Speicher, (rechteckig) oder rund" genannt wird, hat sachlich keinerlei Bedeutung. — An derartige Umrechnungen müßte sich im Prinzip die Besprechung eines großen Teils der ägyptischen Mathematik anschließen; so z. B. C (vgl. o. S. 346ff.), auch *pśw*-Rechnungen (vgl. S. 317ff.), die unmittelbar in die Praxis der Wirtschaftstexte (insbesondere Verpflegungslisten) einmünden.

§ 7.

Der Zylinder.

Zur Kreisberechnung vgl. § 4 und § 5.

1. R 41. Figur s. Tafel II, Abb. 13.

„Beispiel zur Berechnung eines runden (*dbn*) Speichers von (9) 10."

Rechnung:

$9-{}^1/_9\cdot 9=8$	Durchmesser $d=9$ Ellen, Höhe $h=10$ Ellen
$8\cdot 8=64$	
$64\cdot 10=640$	Volumen in Ellen^3 $=V=h\,(d-{}^1/_9 d)^2$

$\frac{3}{2}\cdot 640=960$ „sein Betrag (*rḫt*) in *ḫ3r*[58])"

$\frac{1}{20}\cdot 960=48$ „geht an Quart-Hundert-*ḥḳ3.t* in ihn hinein".

---

[64]) Der Terminus *snn* hängt offenbar mit dem „nimm (*a*) *m sn*, das macht (a^2)" von M zusammen. Wörtlich heißt *snj* „vorbeigehen" u. ä. (vgl. Struve, QS A 1, S. 32).

[65]) Gardiner hält die 8 für eine Verlesung von 40. Das würde aber riesige Kammern (44 Ellen quadratische Basis und 50 Ellen Höhe) ergeben. Ist etwa „Breite 8 [zu] 4 Ellen" zu verstehen (in Parallele zu „Breite 20 Ellen *snn*")?

[65a]) Ich verdanke diese Interpretation einer freundlichen Mitteilung von Prof. L. Borchardt. Vgl. auch R. Engelbach, The problem of the Obelisks, London 1923, insbes. Kap. VI.

2. R 42.

„Ein runder (*dbn*) Speicher von $10 \cdot 10$“

Rechnung:

Rechnung	
$10 - {}^1/_9\, 10 = 8 + \overline{\overline{3}} + \overline{6} + \overline{18}$	
$(8 + \overline{\overline{3}} + \overline{6} + \overline{18})^2 = 79 + \overline{108} + \overline{324}$	
$(79 + \overline{108} + \overline{324}) \cdot 10 = 790 + \overline{18} + \overline{27} + \overline{54}$	$V = h\,(d - {}^1/_9 d)^2$ (in Ellen^3)
$(1 + \overline{2})\,(790 + \overline{18} + \overline{27} + \overline{54}) = 1185$	Volumen in *ḫ3r*[58])

$\overline{20} \cdot 1185 = 59 + \overline{4}$ „geht an Quart-Hundert-*ḥḳ3.t* in ihn hinein“.

3. K 6. Figur s. Abb. 21.

Kommentarlose Rechnung:

	12		
	$1365\,{}^1/_3$ (im Kreis)	8	Durchmesser $d = 12$ Ellen, Höhe $h = 8$ Ellen
[/	1	12]	
	$\overline{\overline{3}}$	8	
[/]	$\overline{3}$	4	
	zus.	16	$d + {}^1/_3 d = 16$
/	1	16	
/	10	160	
/	5	80	
	zus.	256	$(d + {}^1/_3 d)^2 = 256$
			${}^2/_3 h = 5 + \overline{3}$
/	1	256	
	2	512	
/	4	1024	
[/]	⌜$\overline{3}$⌝	$85 + \overline{3}$	
	zus.	$1365 + \overline{3}$	$V = (d + {}^1/_3 d)^2 \cdot {}^2/_3 h$

Erklärung durch Schack-Schackenburg[66]): Volumen eines Zylinders von 12 Ellen Durchmesser, 8 Ellen Höhe in *ḫ3r*[58]). Es ist nämlich $(d - {}^1/_9 d)^2 \cdot h \cdot \frac{3}{2} = \frac{32}{27} d^2 h$ äquivalent mit $(d + {}^1/_3 d)^2 \cdot h \cdot \frac{2}{3} = \frac{32}{27} d^2 h$[67]).

---

[66]) ÄZ 37 (1899) S. 78f.

[67]) Die Umrechnung ließe sich leicht aus der durch M 10 (vgl. § 5) gegebenen Formel für die Kreisfläche $F = \{(d - {}^1/_9 d) - {}^1/_9\,(d - {}^1/_9 d)\}\, d$ durch Ausmultiplizieren von ${}^8/_9 = \overline{\overline{3}} + \overline{6} + \overline{18}$ (vgl. R 42 und R 67) mit $1 + \overline{2}$ gewinnen.

4. R 43.

„Ein runder (*dbn*) Speicher, 9 Ellen in seiner Höhe (*ḳ3.w*), 6 in seiner Breite (*śẖ.w*); was geht in ihn hinein an Korn?"

Rechnung:

$9-1=8$

$8+{}^1/_3\cdot 8=10{}^2/_3$

$(10{}^2/_3)^2=113+\overline{\overline{3}}+\overline{9}$

$(113+\overline{\overline{3}}+\overline{9})\cdot {}^2/_3\cdot 6=455{}^1/_9$[68]) „sein Betrag (*rẖt*) in *ẖ3r*"

$\overline{20}\cdot(455+\overline{9})=22+\overline{2}+\overline{4}+[\overline{180}]$ „geht an Quart-Hundert-*ḥḳ3.t* in ihn hinein".

Der Gang der Rechnung ist:

Volumen in Quart-Hundert-*ḥḳ3.t* $=\left((d-{}^1/_9\,d)+{}^1/_3\,(d-{}^1/_9\,d)\right)^2\cdot\frac{2}{3}\cdot h\cdot\frac{1}{20}$.

Diese Formel ist falsch; sie stellt (wie Schack-Schackenburg gezeigt hat[66])) eine Vermengung der beiden Formeln

Volumen in Quart-Hundert-*ḥḳ3.t*

$$=(d-{}^1/_9\,d)^2\cdot\frac{3}{2}\cdot\frac{1}{20}\cdot h\quad \text{(so R 41, R 42 — § 7, 1 und § 7, 2)}$$

und

$$=(d+{}^1/_3\,d)^2\cdot\frac{2}{3}\cdot\frac{1}{20}\cdot h\quad \text{(so K 6 — § 7, 3)}$$

dar. Außerdem sind Höhe 9 und Durchmesser 6 vertauscht, offenbar weil 9 dem Schreiber eine gewohnte Zahl für den Durchmesser war (vgl. § 4, 1, § 4, 2, § 7, 1).

5. M 11.

Peet hat JEA 17, S. 158[68a]) auch die richtige Interpretation von M 11 gegeben; man hat demnach etwa folgendermaßen zu übersetzen:

„Beispiel zur Berechnung der Arbeit eines Mannes an Holzklötzen (*pḥd.t*).
Wenn man dir sagt: die Arbeit eines Mannes an Holzklötzen (*pḥd.t*),
der Betrag seiner Arbeit ist 100 Klötze (*pḥd.t*)
der *š3r.t* 5 Handbreiten (*šsp*[29])). Er hat es aber gebracht in Klötzen (*pḥd.t*)
der *š3r.t* 4 Handbreiten."

Rechnung: (5 Handbreiten)^2 = 25
(4 Handbreiten)^2 = 16
$25:16=1+\overline{2}+\overline{16}$
$100.(1+\overline{2}+\overline{16})=156+\overline{4}$

„Dies ist die Anzahl der Holzklötze (*pḥd.t*), die er gebracht hat an *š3r.t* 4 Handbreiten."

---

68) Text: „Multipliziere $113+\overline{\overline{3}}+\overline{9}$ mit 4, das $\overline{\overline{3}}$ von 6 Ellen ist, die die Breite (*śẖ.w*) sind."

68a) Vgl. oben S. 425.

Die Rechnung wäre auch mit der Annahme eines anderen als kreisförmigen Querschnittes der Klötze verträglich, doch wird man wohl in erster Linie an runde Baumstämme zu denken haben. *pḥd.t* (mit „Holz"-Determinativ) ist ein bisher unbekanntes Wort, das aber offenbar mit *pḥḏ* „abschneiden" zusammenhängt[68b]). *š3r.t*[68c]) muß der Querschnitt $a_1 = 5$ bzw. $a_2 = 4$ der Klötze sein. Bei konstanter Länge und ähnlichen Profilen verhalten sich dann die nötigen Anzahlen 100 : x wie die reziproken Quadrate der Querschnitte $a_2^2 : a_1^2$, wenn die Gesamtsumme der Volumina dieselbe sein soll. Also $x = 156^1/_4$.

§ 8.

Die Pyramide, Kegel und Verwandtes.

1. R 56. Figur s. Abb. 22.

„Beispiel zur Berechnung[69]) einer Pyramide (*mr*), 360 ist die *wḫ3 ṯb.t*, 250 ihre zugehörige *pr m wś*; laß mich ihre *śḳd* wissen."

Rechnung:

$\frac{1}{2} \cdot 360 = 180$

$180 : 250 =$ „$\overline{2} + \overline{5} + \overline{50}$ von einer Elle"

„1 Elle ist 7 Handbreiten"[29])

1	7
$\overline{2}$	$3 + \overline{2}$
$[\overline{5}]$	$1 + \overline{3} + \overline{15}$
.$\overline{50}$	$\overline{10} + \overline{25}$

„Ihre *śḳd* ist $5 + \overline{25}$ Handbreiten"[70]).

Ist a die Grundkante einer geraden quadratischen Pyramide, h ihre Höhe und deutet man mit Peet *wḫ3 ṯb.t* als a und *pr m wś* als h, so wird das in Handbreiten pro Elle ausgedrückte „*śḳd*":

$$s = 7\left(\frac{a}{2} : h\right) = 7 \operatorname{ctg} \alpha$$

wenn α den Neigungswinkel der Seitenebenen der Pyramide gegen die Basisebene bedeutet.

Wortbedeutungen: *wḫ3* „suchen", *ṯb.t* „Sandale"; vgl. aber *wḫ3.tj* „Sandalen" (Dual)[71]).

[68b]) Peet, JEA 17, S. 158 (vgl. WB I, S. 542).

[68c]) Die beiden letzten Buchstaben sind unsicher; vgl. Peet, JEA 17, S. 158.

[69]) *tp n njś*; nochmals R 44: *tp n [n]jś*. *njś* wörtl. „rufen".

[70]) Der Text gibt die durch die Relation 1 Elle = 7 Handbreiten bedingte Nebenrechnung.

[71]) WB I S. 354 f.

pr m wś „was herausgeht aus dem *wś*“ [72]); Struve [73]) deutet dies als „herauskommend aus dem Fenster“ als Bezeichnung eines Lotes.

śḳd. Peet [74]) denkt an die Möglichkeit einer Kausativbildung zu *ḳd* „bauen“; es wäre dann *śḳd* das Maß, das die Pyramide aufzubauen gestattet [74a]). Zur Sachbedeutung vgl. S. 437.

2. R 57. Figur s. Abb. 23.

„Eine Pyramide (*mr*), 140 ist das *wḫ3 ṯb.t*, 5 Handbreiten 1 (Finger [29])) ihre *śḳd*; was ist ihre zugehörige *pr m wś*?“

Rechnung:

$2 \cdot$ *śḳd* $= 10^1/_2$ (Handbreiten)	
$7 : 10^1/_2 = {}^2/_3$	
${}^2/_3 \cdot 140 = 93^1/_3 =$ *pr m wś*	$h = \frac{7}{2s} \cdot a = \frac{a}{2 \operatorname{ctg} \alpha}$.

3. R 58. Figur s. Abb. 24.

„Eine Pyramide (*mr*), ihre zugehörige *pr m wś* ist $93^1/_3$; laß mich ihre *śḳd* wissen; es ist 140 das *wḫ3 ṯb.t*.“

Rechnung:

$\frac{1}{2} \cdot 140 = 70$	
$70 : 93^1/_3 = \bar{2} + \bar{4}$	
$(\bar{2} + \bar{4}) \cdot 7 = 5$ Handbreiten 1 (Finger) $=$ *śḳd*	$s = \left(\frac{a}{2} : h\right) 7 = 7 \operatorname{ctg} \alpha$.

4. R 59b. Figur s. Abb. 25 [75]).

„Berechne eine Pyramide (*mr*) von 12. Ihre *śḳd* ist 5 Handbreiten 1 (Finger [29])); laß (mich) ihre zugehörige *pr m wś* wissen.“

Rechnung:

$5^1/_4 \cdot 2 = 10^1/_2$	
$7 : 10^1/_2 = {}^2/_3$	
$12 \cdot {}^2/_3 = [8]$ [76]) $=$ *pr m wś*	$h = \frac{7}{2s} \cdot a = \frac{a}{2 \operatorname{ctg} \alpha}$.

---

[72]) Man hat damit das griechische πυραμις in Beziehung setzen wollen. Zu einer Ableitung dieses Wortes aus *p3 mr* „die Pyramide“ vgl. Struve, QS A 1, S. 135f.

[73]) QS A 1, S. 136 u. a. mit Bezug auf WB I S. 359 (*wśj* „Fenster“).

[74]) RMP S. 98. Vgl. WB IV S. 310.

[74a]) Borchardt hält *ḳd* für eine „Böschungsleere“, wie sie uns noch erhalten ist (vgl. z. B. Clarke-Engelbach, Ancient Egyptian masonry, London 1930, Fig. 264). Ich verdanke diese Mitteilung einer freundlichen Korrekturbemerkung von Prof. Borchardt.

[75]) R 59 und R 59b haben die Figur gemeinsam.

[76]) Text hat 4.

5. R 59. Figur s. Abb. 25[75]).

„Eine Pyramide (*mr*); ihre zugehörige *pr m wś* ist 12[77]); ihre zugehörige *wḫ3 ṯb.t* ist 8[77])."

Rechnung:

$6:8=\bar{2}+\bar{4}$	
$7(\bar{2}+\bar{4})=5$ Handbreiten [1 (Finger)] = *śḳd*	$s=\left(\frac{a}{2}:h\right)\cdot 7=7\operatorname{ctg}\alpha.$

6. R 60. Figur s. Abb. 26.

„Ein *ìwn* von 15 Ellen an seiner *śnṯ.t*, 30 ist seine Höhe (*ḳ3j*) nach oben (*n ḥrw*);
laß mich seine *śḳd* wissen."

Rechnung:

$\frac{1}{2}\cdot 15=7^1/_2$

„rechne mit $7^1/_2$ 4-mal um 30 zu finden; das macht seine *śtwtj* gleich 4, das ist seine zugehörige *śḳd*."

ìwn: WB I, S. 53 „Pfeiler", „Stütze", entsprechend Gunn, JEA 12, S. 134. Vgl. auch § 8, 9 (S. 441). Peet, RMP, S. 100 „A cone (?)". Die Figur paßt wenig zu einem Pfeiler, viel besser zu einem Kegel. Daher betont auch Sethe (Jahresber. d. D. Math. Ver. 40 (1931) S. *65*), daß *ìwn* auch „Haufen" bedeuten kann (vgl. WB I, S. 54).

śnṯ.t „Grundmauer, Grundriß, Basis". Da sie durch eine Zahl bestimmt ist, handelt es sich wohl um Quadrat oder Kreis (eine Alternative, die in den vorigen Beispielen nur wegen des Wortes „Pyramide" nicht auftrat).

Ist a die Basisgröße (Kreisdurchmesser bzw. Quadratseite), h die Höhe, so wird die *śḳd* durch $h:\frac{a}{2}$ berechnet — allerdings ist die Formulierung dieser Rechnung fehlerhaft. Im Gegensatz zu den 5 vorangehenden Beispielen wäre also hier *śḳd* 1.) das Verhältnis gleich benannter Strecken, 2.) nicht ctg α sondern tg α.

Zu *śtwtj* vgl. S. 438. Hier ist es wohl eine irrige Einschaltung.

7. M 14. Figur s. Abb. 27.

„Beispiel zur Berechnung eines ⏢;
wenn man dir sagt: ein ⏢ von 6 *n śttj*
zu (*r*) 4 an der Unterseite (*ḥr ẖrj*), zu (*r*) 2 an der Oberseite (*ḥr ḥr*)."

---

77) Aus der Rechnung wie aus R 59b folgt, daß in diesen Angaben 12 und 8 zu vertauschen sind.

Rechnung[78]):

$4^2 = 16$	$a=4, \quad b=2, \quad h=6$
$2 \cdot 4 = 8$	
$2^2 = 4$	
$16+8+4=28$	
$\frac{1}{3} \cdot 6 = 2$	
$28 \cdot 2 = 56$	$V = (a^2+ab+b^2)\,\frac{h}{3}$.

Schon Turajeff hat erkannt[79]), daß es sich hier um die Berechnung des Volumens eines geraden quadratischen Pyramidenstumpfes handelt[79a]); ausführliche Neubearbeitung durch Struve und Gunn-Peet. Die eigentlichen Schwierigkeiten liegen beim Verständnis des Terminus der „Höhe“: *śttj* (Struve) oder *śtwtj* (Gunn-Peet).

Gunn und Peet[80]) übersetzen das „*n* 6 *n śttj*“ mit „of 6 for the vertical height“ und bemerken dazu, daß die Gruppe zweifellos *śtwtì* zu lesen sei und „its etymology is quite obscure to us; it has of course nothing to do with the *śtwtì* of Rhind Pap. Nos. 45, 46, 60“.

Struve[81]) zieht im Gegensatz dazu sämtliche derartige Wortbildungen zusammen:

1. R 45, R 46 (s. o. S. 437), R 60[82]) (s. o. S. 430),
2. M 6 (von Gunn-Peet gelesen; s. o. S. 418),
3. M 14,
4. M 18 (s. o. S. 419),
5. Gardiner, Admon. 14, 4[83]).

[78]) Die Rechnung wird bei der Figur nochmals wiederholt. Vgl. Abb. 27.

[79]) Ancient Egypt, 1917, S. 100ff.

[79a]) Eine sehr brauchbare Zusammenstellung der antiken Berechnungsmethoden für Pyramiden- und Kegelstumpf durch Vogel, JEA 16 (1930), S. 242ff. Hinzuzufügen wäre ihr Gandz, Studies in History of Mathematics from Hebrew and Arabic sources, Hebrew Union College Annual, 6 (1929), S. 267.

[80]) JEA 15 (1929), S. 176 u. S. 178.

[81]) QS A 1 S. 117ff. u. S. 192.

[82]) Mit @ statt .

[83]) A. H. Gardiner, The Admonitions of an Egyptian Sage, Leipzig 1909. Vgl. auch JEA 15 S. 170 Anm. 5.

Als allen diesen Worten gemeinsam sieht Struve etwas dem Begriff ,,Flächeninhalt" entsprechendes an. Ohne hier auf alle Gründe für und wider eingehen zu können, scheint es mir wichtig, hervorzuheben, daß die einzig sichere Stelle die von M 14 ist, in der aber allein etwas wie ,,Höhe" Sinn geben kann, während ,,Fläche" eine geradezu katastrophale Verwirrung der Terminologie bedeuten würde (Struve bezieht sich auf die Figur, ,,in deren Fläche" die Angabe für die Höhe des Körpers angegeben ist). Will man Struves Inbeziehungsetzen aller 5 Termini aufrechterhalten, so scheint mir der einzige Ausweg zu sein, als Grundbedeutung etwas wie ,,Inneres" anzunehmen. R 45, R 46 wären dann mit Peets ,,content" verträglich, ebenso bei 5. mit Gardiners ,,ground (?)"[84]. In M 14 könnte man ,,von 6 für Innen" als Angabe der Raumhöhe verstehen. Schwieriger wäre R 60 (s. o. S. 437), wo man *štwt* bereits den übertragenen Sinn ,,Produkt" (Peet: ,,result") zuschreiben müßte, wenn es sich nicht (Peet, RMP, S. 102) um eine korrupte Stelle handelt. Schwierig bleibt auch die erste Stelle von M 6 (s. o. S. 418), ,,ein Rechteck, dessen ,Innen' $^3/_4$ von der Länge für die Breite ist", während die zweite Stelle (s. o. S. 418) hieße, ,,nimm diese 12, die im ,Innern' ist[85]), $1^1/_3$ mal, es gibt 16". — Es ist aber hervorzuheben, daß diese Deutung die rein philologischen Schwierigkeiten, die der Identifizierung aller 5 Termini entgegenstehen (und die Gunn und Peet bewogen haben, 2 von 5 und 1 von 3 ausdrücklich zu trennen), nicht in Rücksicht zieht, bzw. sich ganz Struves Gründen anschließen müßte.

8. Auslaufuhren.

Ein aus dem + 3. Jahrh. stammender (griechischer) Text aus Oxyrrhynchos[86]) gibt die Berechnung eines kegelstumpfförmigen Gefäßes, dessen Wasserfüllung von unten her entleert wird, wobei die Senkung des Spiegels als Zeitmesser dient[10]). Da erhaltene Exemplare solcher Auslaufuhren bis in das NR zurückreichen und meist genau die in dem Oxyrrhynchos-Papyrus verlangten Abmessungen tragen, darf man wohl auch die ganze ,,Theorie" als ,,vorgriechisch" werten.

Der Text ist voll von Schreibfehlern. Die folgende Übersetzung teile ich nach sachlichen Abschnitten; ( ) bedeutet Verbesserung einer Zahl, [ ] Ergänzung zerstörter Stellen[87]); wegen { } s. S. 441.

1. ,,Die Konstruktionszahl der Uhren gibt man so an:
Das Obere des Mörsers macht man [24] Finger, den Boden 12 Finger, die Tiefe 18 Finger.
Wenn man die 24 Finger zu den 12 des Bodens hinzugibt, mach[t es 36 Finger.]

[84]) Die ganze Stelle heißt: „Fine linen is laid out (?), garments are on the ground (?)."

[85]) Übrigens ist 12 nicht nur der Flächeninhalt des Rechtecks, sondern steht auch „im Innern" der Figur (vgl. Abb. 14).

[86]) Ort in Mittelägypten am Westrand des Niltales $28^1/_2$° nördl. Breite.

[87]) Photographie des Textes, Transkription und Übersetzung der Abschnitte 1 und 2 und Kommentar bei Borchardt l. c. Anm. 10. Vgl. auch die Anmerkungen bei Grenfell-Hunt, The Oxyrrhynchos Papyri, Part III, London 1903, S. 145f. Über den weiteren Zusammenhang vgl. ÄZ 66 (1931), S. 29.

Davon $^1/_2$ 18. Mit 3 macht wegen des Umfanges 54. Davon das Drittel 18. Das $^1/_4$ $13^1/_2$. Nimm 18[88]) mal 8, es macht 14(4). {Nimm ebenso 203 (?) ....[89]) Zweidrittel.}

2. Es macht also die erste Marke ...... 24 Finger. Verdopplung der Zahl macht 48. Davon abgezogen [$^2/_3$], bleibt $47^1/_3$. Davon $^1/_2$ 2($3^2/_3$). Mal Drei macht 71. Das $^1/_3$ 23($^2/_3$). Ferner das $^1/_4$ 17 zweidrittel $^1/_{12}$. {Es macht 300 $^1/_{12}$ (420 $^1/_{12}$).}

3. Die zweite Marke ist 23 $^1/_3$ Finger und macht verdoppelt [4]6 $^2/_3$. Ziehe das $^2/_3$ der Zusammenziehung ab; bleibt 46. Das $^1/_2$ 2[3]. Mal 3 69. Davon das [$^1/_3$ 2] 3. Das [$^1/_4$ 1] 7 $^1/_4$. {Mal 13 macht 315 $^1/_2$ $^1/_{15}$. Davon abgezogen .... $^1/_6$ bleibt 396 $^1/_2$ ($^1/_4$).}

4. .... dritte Marke .... 22 $^2/_3$ Finger ....[89]). Mal [3] macht 6(5). Das [$^1/_3$ 22 $^1/_3$.] Das [$^1/_4$ 16 $^1/_2$] $^1/_4$. {Mal 21 $^2/_3$ macht (?) 5 $^1/_{12}$. Davon abgezogen Eins, bleibt (37)4 $^1/_{12}$.}

5. 5. $21^1/_3$[90]). Das Doppelte $42^2/_3$. Abgezogen $^2/_3$, bleibt 42. Die Hälfte 21. Mal 3 macht 63. Das $^1/_3$ 21. Das Viertel $15^2/_3$ $^1/_{12}$. {Mit 41 macht 370 $^2/_3$ $^1/_{12}$. Abgezogen $1^2/_3$ bleibt $360^2/_3$ ($330^3/_4$).}

6. 6. $20^2/_3$. 40 ($^2/_3$). Das ($^1/_2$) $20^1/_3$. Mal 3 61. Das $^1/_3$ $20^1/_3$. Das $^1/_4$ $15^1/_4$. {Mal $20^1/_3$ $300^1/_{12}$. Abgezogen $2^1/_2$ bleibt 3(10) $^1/_{12}$.}

7. 7-te Zahl 20; zweimal 40. Abgezogen $^2/_3$, bleibt $39^1/_3$. Davon die Hälfte 1(9) $^2/_3$......[91]).

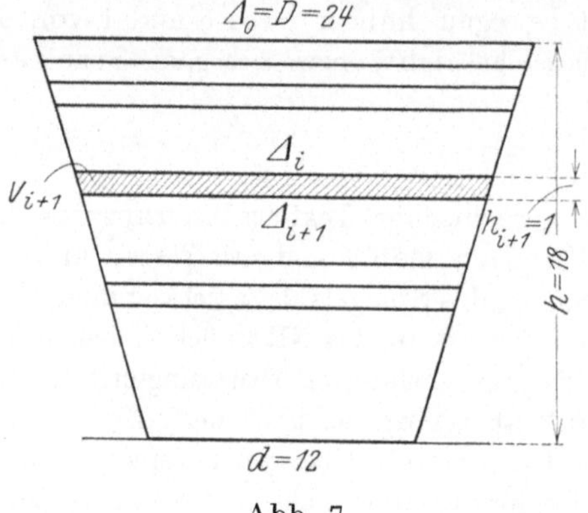

Abb. 7.

Es wird berechnet (vgl. Abb. 7): In 1 das Volumen des ganzen Kegelstumpfes, in den folgenden Abschnitten die Teilvolumina der Höhe 1, deren Auslauf einer Stunde entsprechen soll. Wegen der Neigung 1:3 der Mantellinien („Zusammenziehung") ist $\triangle_{i+1} = \triangle_i - {}^2/_3$. Diese Teilvolumina sind nach der Formel gerechnet:

$$V_{i+1} = \frac{1}{3} \cdot \frac{3\,(2\,\triangle_i - {}^2/_3)}{2} \cdot \frac{1}{4} \cdot \frac{3\,(2\,\triangle_i - {}^2/_3)}{2},$$

die offensichtlich mit Rücksicht auf die speziellen Zahlwerte $h_{i+1} = 1$, $\pi = 3$, $\triangle_{i+1} = \triangle_i - {}^2/_3$ als

$$V_{i+1} = \frac{1}{\pi} \frac{\pi\,(\triangle_{i+1} + \triangle_i)}{2} \cdot \frac{1}{4} \frac{\pi\,(\triangle_{i+1} + \triangle_i)}{2} \cdot h_{i+1}$$

88) Text hat $\tau\eta$ statt $\iota\eta$.

89) Mehrere Zeilen zerstört.

90) Gemeint: Die 5-te Marke ist $21^1/_3$ Finger. Die Berechnung des vierten Teilvolumens ist ausgelassen ($352^1/_{12}$ wäre das Resultat).

91) Rest zerstört.

zu interpretieren ist; entsprechend ist das Gesamtvolumen[92])

$$V = \frac{h}{4\pi}\left(\frac{D+d}{2}\pi\right)^2 = \frac{h}{4\pi}U_m^2,$$

wo U_m den mittleren Umfang des Kegelstumpfes bedeutet. Es scheint mir beachtenswert, daß die hier für die Kreisfläche zur Anwendung gelangende Formel $F = \frac{U^2}{4\pi} = \frac{U^2}{12}$ genau der aus Keilschrifttexten bekannten Formel entspricht (vgl. o. S. 86)[92a]).

Der Schluß der einzelnen Abschnitte, den ich in { } gesetzt habe, ist offenbar eine in zwei Schritten[93]) erfolgende Berechnung von $\frac{U}{3} \cdot \frac{U}{4}$, deren Gang mir aber nicht klar ist.

9. Obelisk (Anastasi I, 14, 8—16, 5).

Zu Anastasi I vgl. S. 431. Der Schreiber sollte imstande sein, die zum Transport eines Obelisken nötigen Leute auszurechnen, wenn folgendes vom Obelisken bekannt ist:

„110 Ellen des *iwn n ḫnt*" — offenbar die Länge des Schaftes[94]),

„Sockel (*dbj.t*) 10 Ellen" — also Würfel, wenn eine Maßangabe genügt?

„Der Block (*šnw*)[95]) an seinem Ende macht 7 Ellen an jeder Seite" — also quadratische Basis.

„Er (der Obelisk) geht *m isp*, zweimal, nach oben zu 1 Elle (und 1 Finger?)" — *isp* ist wohl die Gesamtabweichung der Obeliskenebenen von der Vertikalen am oberen Ende (vgl. S. 443); „zweimal" weist auf die Symmetrie der Figur hin, derentwegen *isp* auf zwei Hälften zu verteilen ist (vgl. Abb. 8 und S. 442).

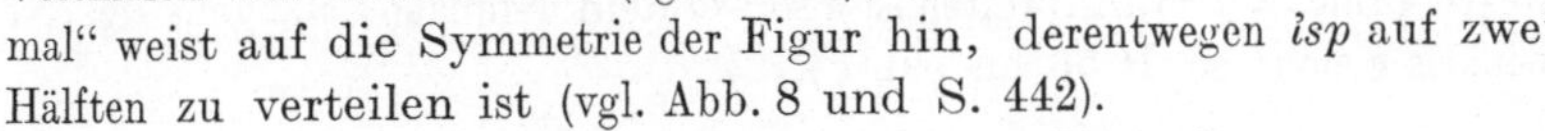

Abb. 8.

„Die Spitze (*bnbn*[96])) 1 Elle Höhe (*ḥj*), sein *ḥwj* 2 Finger."

---

[92]) Der Schluß der Ausrechnung ist allerdings im Text nicht mehr vollständig erhalten; es wäre $V = 4374$ Finger^3, $\frac{1}{4\pi}U_m^2 = 243$ Finger^2.

[92a]) Dieser Zusammenhang wurde auch von K. Vogel, JEA 16 (1930), S. 247 bemerkt. Die oben S. 87 gegebene Formel schloß sich noch der bei Borchardt gegebenen Formulierung an.

[93]) In 2. ist der zweite Schritt ausgelassen.

[94]) Zu *iwn* vgl. R 60 (S. 437). WB I S. 53: *iwn n fnḏ* (d. h. wörtl. „Pfeiler der Nase"; *fnḏ* = *ḫnt*) „Nasenbein". Dieser Bezeichnung wegen wird 110 die Länge des (nicht vertikalen!) Schaftes und nicht seine „Höhe" sein — „Höhe" heißt außerdem in diesem Text *ḥj*. In praxi ist dies bei der äußerst geringen Abschrägung natürlich gleichwertig.

[95]) Oder *šnw*. Vgl. *šn.t* WB IV S. 152 (Bezeichnung für große Steinblöcke beim Transport).

[96]) WB I S. 459 s. v. *bnbn.t*.

Entsprechend Gardiners und Borchardts Interpretation dieser Textgruppe[63]) dürfte es sich wohl um einen Körper handeln, wie er in Abb. 8 skizziert ist.

10. Rampe (Anastasi I, 14,2—14, 8).

Die Aufgabe besteht in der Berechnung des Ziegelbedarfs für eine Baurampe. Die folgende Deutung verdankt man in dieser Form Borchardt[97]).

„Eine Rampe von 730 Ellen, Breite (*wsḫ.t*) 55 Ellen, von 120[98]) Kasten gefüllt mit Schilf und Hölzern[99]), mit einer Höhe (*ḳ3j*) von 60 Ellen an ihrem Kopfende (*ḥr d3d3-f*), im Innern (*ḥr ib-f*)[100]) 30 Ellen, mit dem Rücksprung (*m isp*), zweimal, 15 Ellen, ihr Pflaster 5 Ellen."

„Jeder ihrer Kasten 30 Ellen, Breite (*wsḫ.t*) 7 Ellen."

Für die Rekonstruktion dieser Angaben vgl. Abb. 9.

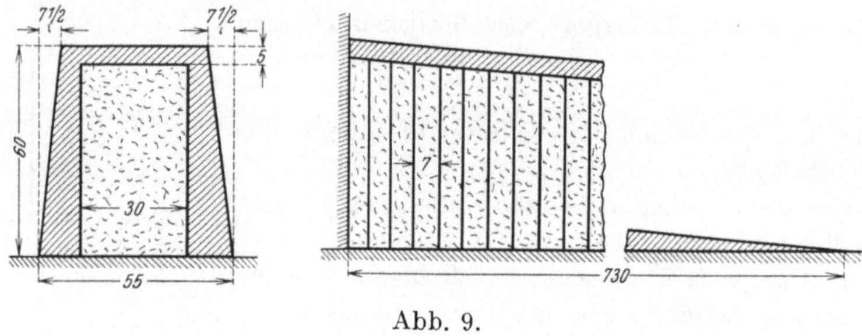

Abb. 9.

Bemerkungen zum ägyptischen Böschungsbegriff.

1. *sḳd* = in Handbreiten gemessener Rücksprung bei 1 Elle Höhenunterschied; wegen 1 Elle = 7 Handbreiten ist also *sḳd* dem 7-fachen Cotangens des Neigungswinkels gleich; so R 56 bis 59b[101]).

---

[97]) L. Borchardt, Die Entstehung der Pyramide an der Baugeschichte der Pyramide bei Mejdum nachgewiesen, Berlin, Springer, 1928, insb. S. 22, Anm. 2.

[98]) Bei der Breite 7 eines Kastens ist dies eine unmögliche Angabe für die Gesamtlänge 730. Borchardt korrigiert daher in „100 Kasten". Aber bei der Pflasterdicke von 5 Ellen ist auch das zu viel; etwa 90 wäre richtig.

[99]) Die Rampe wird durch Füllkasten gebildet, die ein durch Schilfmatten und Balken verstärktes Mauerwerk umgibt; die Kasten werden mit Sand und Bauschutt aufgefüllt. Vgl. z. B. Hölscher, Das Grabdenkmal des Königs Chefren, Veröff. d. E. v. Sieglin-Exp. 1, Leipzig 1912, S. 71ff. sowie Borchardt[97]).

[100]) Wörtlich: „im Herzen", d. i. der übliche Ausdruck für „in der Mitte". Hier nach Borchardt „im Lichten" als Bezeichnung des Raumes der für die Füllkasten verfügbar ist.

[101]) Es ist beachtenswert, daß auch die mathematischen Keilschrifttexte eine ganz analoge Begriffsbildung kennen (*šà-gal*). Auch hier ist *šà-gal* nicht selbst tg bzw. ctg des Neigungswinkels, sondern das Verhältnis des *in Ellen* gemessenen Rücksprungs zu der *in GAR* gemessenen Höhe. Da 1 GAR = 12 Ellen ist, so tritt hier der Faktor 0;5 = $^1/_{12}$ zu den Winkelfunktionen hinzu (vgl. z. B. CT IX 12, 41—49).

2. *śḳd* = Tangens (**ohne** Maßfaktor!) des Neigungswinkels in R 60. Vielleicht aber nur irrtümlich von Nr. 1 verschieden.

3. *ỉsp* = Gesamtabweichung von der Vertikalen; also bei einer Höhe h gleich $h \operatorname{ctg} \alpha$.

Keine dieser Begriffsbildungen hat natürlich anders als rein äußerlich mit dem Begriff der Winkelfunktionen etwas zu tun. Vgl. dazu auch Borchardt, Gegen die Zahlenmystik an der großen Pyramide von Gise, Berlin 1922, insb. S. 12ff.[102]).

§ 9.

Konstruktionszeichnungen.

Anhangsweise sei ohne jeden Anspruch auf Vollständigkeit auf zeichentechnische Dinge verwiesen, die mit geometrischem Denken in einem gewissen Zusammenhang stehen.

So läßt sich der jedem sofort auffallende „geometrisierende" Einschlag der ägyptischen Kunst[103]) bis in die rein konstruktive Anlage der Zeichnungen hinein verfolgen, teils an bestimmt angeordneten Hilfslinien, teils sogar an ganzen Koordinatennetzen, in die die Figuren eingetragen werden. Dies gilt sowohl für Menschen- und Tierdarstellungen[104]), wie auch für reine Konstruktionszeichnungen der Bautechnik (Grundrisse, Pläne und Bauzeichnungen in Originalgröße usw.)[105]).

Erwähnenswert ist auch die Tatsache, daß bereits aus dem AR Werkzeichnungen bekannt sind, die Kurven durch Angabe der Ordinaten zu äquidistanten (?) Abszissen festlegen[106]).

§ 10.

Verzeichnis der Termini.

1. Termini.

Basis, Dreieck *śẖ.w* (= Breite), *tp r3*	Betrag *rẖt*
Pfeiler *śnṯ.t*	Böschungswert *ỉsp*, *śḳd*
Pyramide *wẖ3 ṯb.t*	Breite *wśẖ*, *wśẖ.t*, *śẖ.w*
Pyr.-Stumpf *ḥr ẖrj*	Deckfläche, Pyr.-Stumpf *ḥr ḥr*
Behälter *nb.t* (?)	Durchmesser *śẖ.w*, *š3r.t* (?), *tp r3*

[102]) Für die zahlreichen Beziehungen der ägyptischen „Geometrie" zur Technik der Bauausführungen vgl. man etwa die verschiedenen Grabungsberichte an ägyptischen Pyramiden und Tempeln in den „Wissenschaftlichen Veröffentlichungen der Deutschen Orient-Gesellschaft" (Leipzig, Hinrichs, von 1900 an). Dort auch weitere Literatur.

[103]) Für die tiefere Analyse dieser Tatsache vgl. H. Schäfer, Von ägyptischer Kunst (³), Leipzig 1930.

[104]) Vgl. z. B. Schäfer [103]), Abb. 260ff. bzw. Tafel 41.

[105]) Vgl. z. B. Clark-Engelbach, Ancient Egyptian masonry, London 1930, Kap. V. Dort auch weitere Literaturangaben.

[106]) L. c. Anm. 105, Fig. 53 und 54. Ferner Borchardt, ÄZ 34 (1896), S. 74f. und Daressy, Annales du service des antiquités de l'Egypte 8 (1907), S. 237f.

Feld *3ḥ.t*
Fläche *3ḥ.t*, *ḥ3j.t* (?), *śttj* (?)
Halbkugel *nb.t* (?)
Halbzylinder *nb.t* (?)
Halbkugel-Durchmesser (?) *tp r3... m ʿḏ* (?)
Höhe, Dreieck *3w* (= Länge), *mrj.t*
  Körper *ḫj*, *śttj*, *ḳ3j n ḥrw*, *ḳ3w*
  Pyramide *pr m wś*
  Zylinder *ʿḏ* (?)
Inneres (lichte Weite) *ḥr ỉb*; vgl. *śttj* (§ 8, 7)
Kegel s. Obelisk
Klotz (zylindrisch?) *pḥd.t*
Kopfende *ḥr ḏ3ḏ3*
Korb *nb.t*
Kugel *ỉnr* (?)
Land *3ḥ.t*
Länge *3w*
Mündung *tp r3*
Null (nichts) *n*
Obelisk (Pfeiler, Kegel) *ỉwn*
Basis *śnṯ.t*
Basisblock *śn.t* od. *śnw*, *šnw*
Sockel *dbj.t*
Schaftlänge *ỉw n fnḏ* (*ḫnt*)
Spitzen-Pyramide *bnbn.t*
Spitze *ḥwj*
Pfeiler s. Obelisk
Pyramide *mr*
quadratisch *snn* (?)
Querschnitt *š3r.t* (?)
Rand *ʿḏ* (?)
Rechteck[24] *ʿ.t* (?), *p.t* (?), *ỉp.t* (?)
rund *dbn*
Schicht *ḥ3j.t* (?)
Seitenverhältnis *ỉdb*
Speicher s. Behälter
Trapez *ḥ3k.t n.t 3ḥ.t*
Trapez-Oberseite *ḥ3k*
Ufer *ỉdb*
Uferdamm *mrj.t*
viereckig *ỉfd*
Zylinder *ỉp.t* (?) s. a. Klotz

2. Maße.

Arure *śṯ3.t*[6]
10 Aruren *śt* (?) § 2, 3
Elle, als Längenmaß *mḥ*[3]
  als Flächenmaß *mḥ*[31]
Finger *ḏbʿ*[29]
Handbreite *ššp*[29]
Hundertelle *ḫt*[3], *ḫt n nwḥ*[41]
Sack *ẖ3r*[58]
Scheffel *ḥḳ3.t*[58]
$\frac{1}{10}$ Scheffel *hnw*[59]
Tausend-Land *ḫ3-t3*[4]

3. Wortregister (wesentliche Belegstellen).

3w § 1, 3 § 1, 4 § 1, Bem. § 2, 1 § 2, 3 § 6, 1
3ḥ.t § 1, 1 § 1, 3 § 1, 4 § 1, Bem. § 2, 2 § 2, 6 § 5, 1
ỉw[40]
ỉwn § 8, 6
ỉwn n ḫnt § 8, 9
ỉp.t § 5, 1
ỉfd § 1, 1 § 2, 2 § 2, 6 § 5, 1 § 6, 1
ỉnr § 5, 1
ỉsp § 8, 9 § 8, 10 § 8, Bem.
ỉdb § 1, 3 § 1, Bem.
ʿ.t[24]
ʿḏ § 5, 1
wr r wr § 6, 2
wḫ3 ṯb.t § 8, 1 § 8, 2 § 8, 3 § 8, 5
wḫ3.tj § 8, 1
wśj[73]

§ 11. Konkordanz.

Text	§	№	Text	§	№	Text	§	№
Anast. I			M 14	8	7	R 49	2	2
14, 2—14, 8	8	10	M 17	1	4	R 50	4	1
14, 8—16, 5	8	9	M 18	2	5	R 51	1	1
16, 6—17, 3	6	5	Meten	2	1	R 52	2	6
B	3	2	Oxyrrh.	8	8	R 53	3	1
Edfu	3	3	R 41	7	1	R 54	2	7
K 1	6	4	R 42	7	2	R 55	2	7
K 6	7	3	R 43	7	4	R 56	8	1
Luqsor	4	4	R 44	6	1	R 57	8	2
M 4	1	2	R 45	6	2	R 58	8	3
M 6	2	3	R 46	6	3	R 59	8	5
M 7	1	3	R 47	6	6	R 59b	8	4
M 10	5	1	R 48	4	2	R 60	8	6
M 11	7	5						

Abb. 10.

Abb. 11.

Abb. 12.

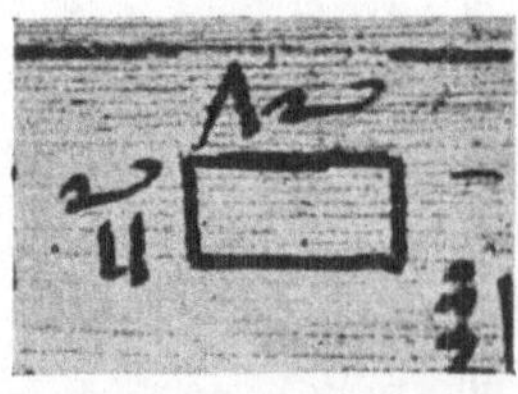

Abb. 13.

Abb. 14.

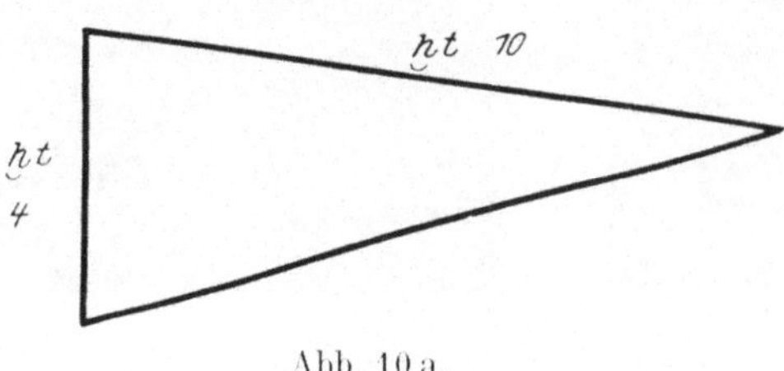

Abb. 10 a.

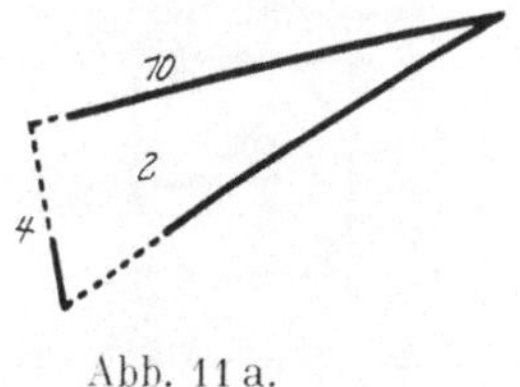

Abb. 11 a.

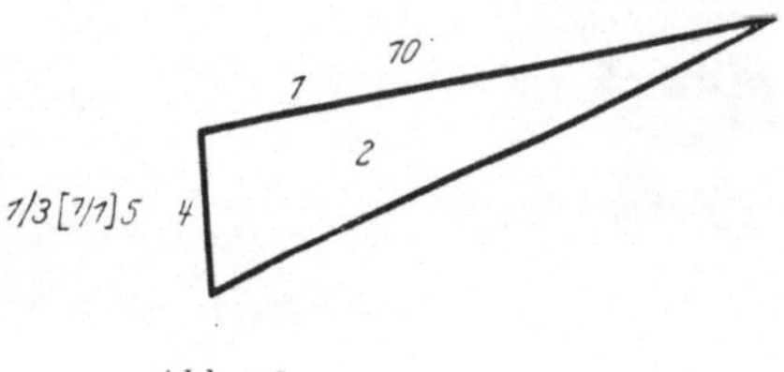

Abb. 12 a.

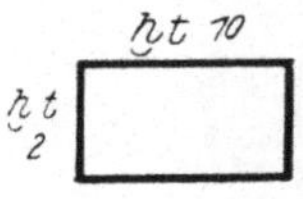

Abb. 13 a.

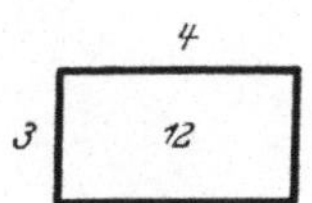

Abb. 14 a.

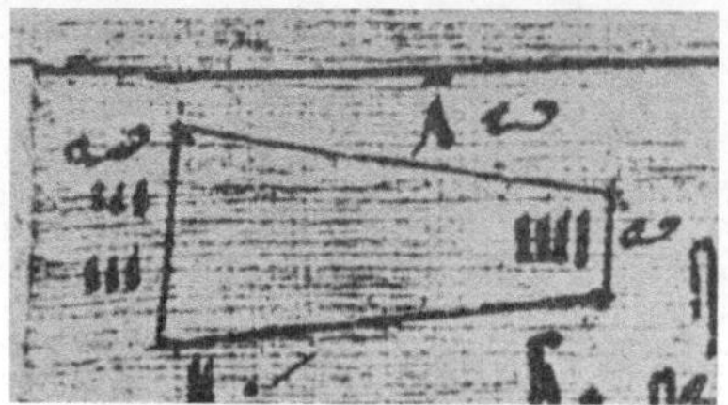

Abb. 15.

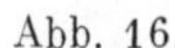

Abb. 16.

Abb. 17.

Abb. 18.

Abb. 19.

Abb. 20.

Abb. 21.

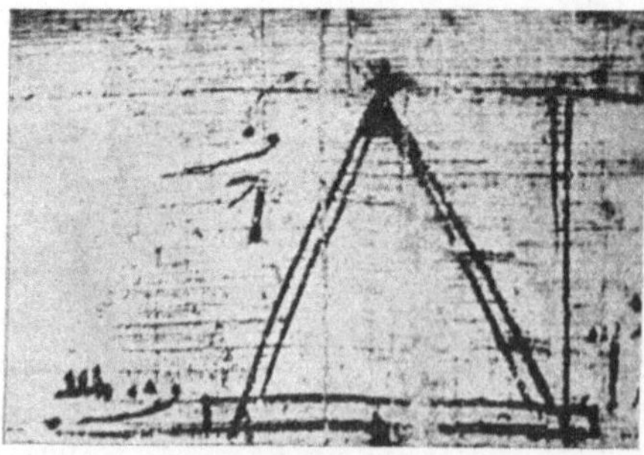

Abb. 22.

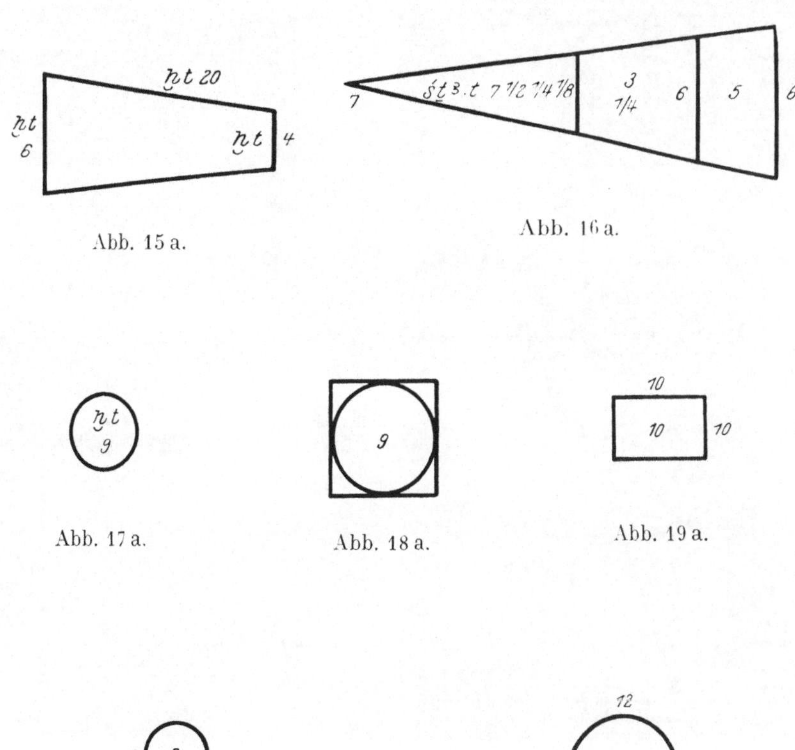

Abb. 15 a. Abb. 16 a.

Abb. 17 a. Abb. 18 a. Abb. 19 a.

Abb. 20 a. Abb. 21 a.

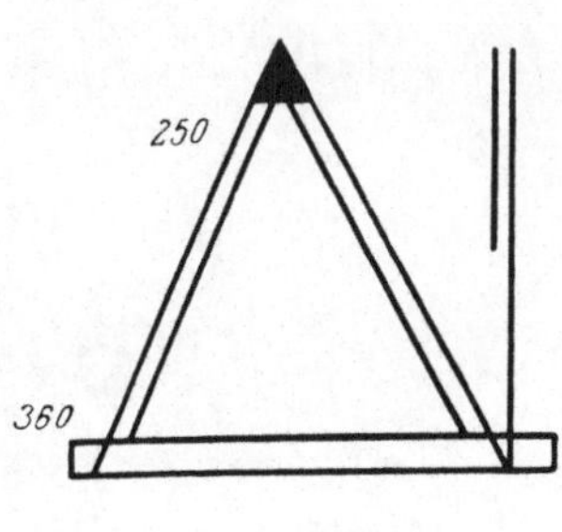

Abb. 22 a.

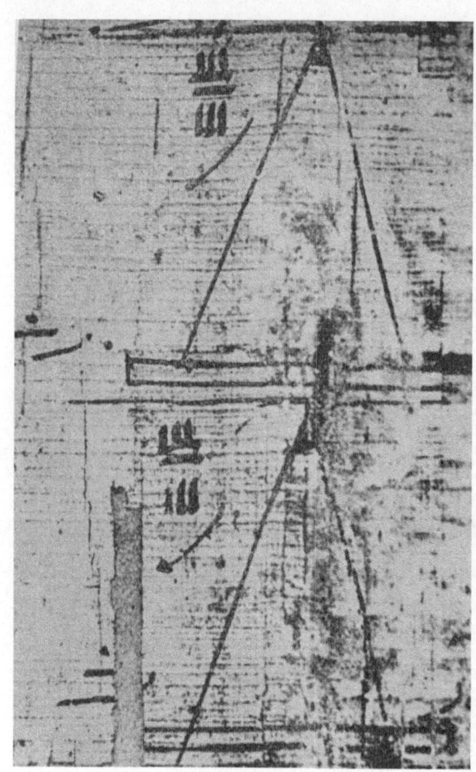

Abb. 23, 24.

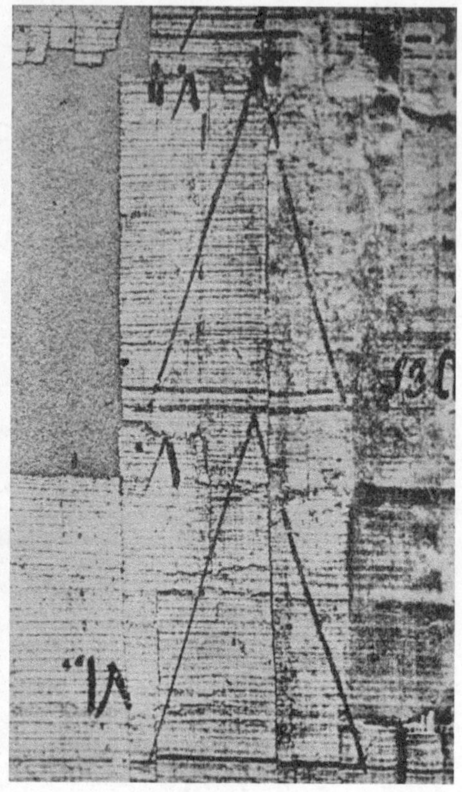

Abb. 25, 26.

Abb. 27.

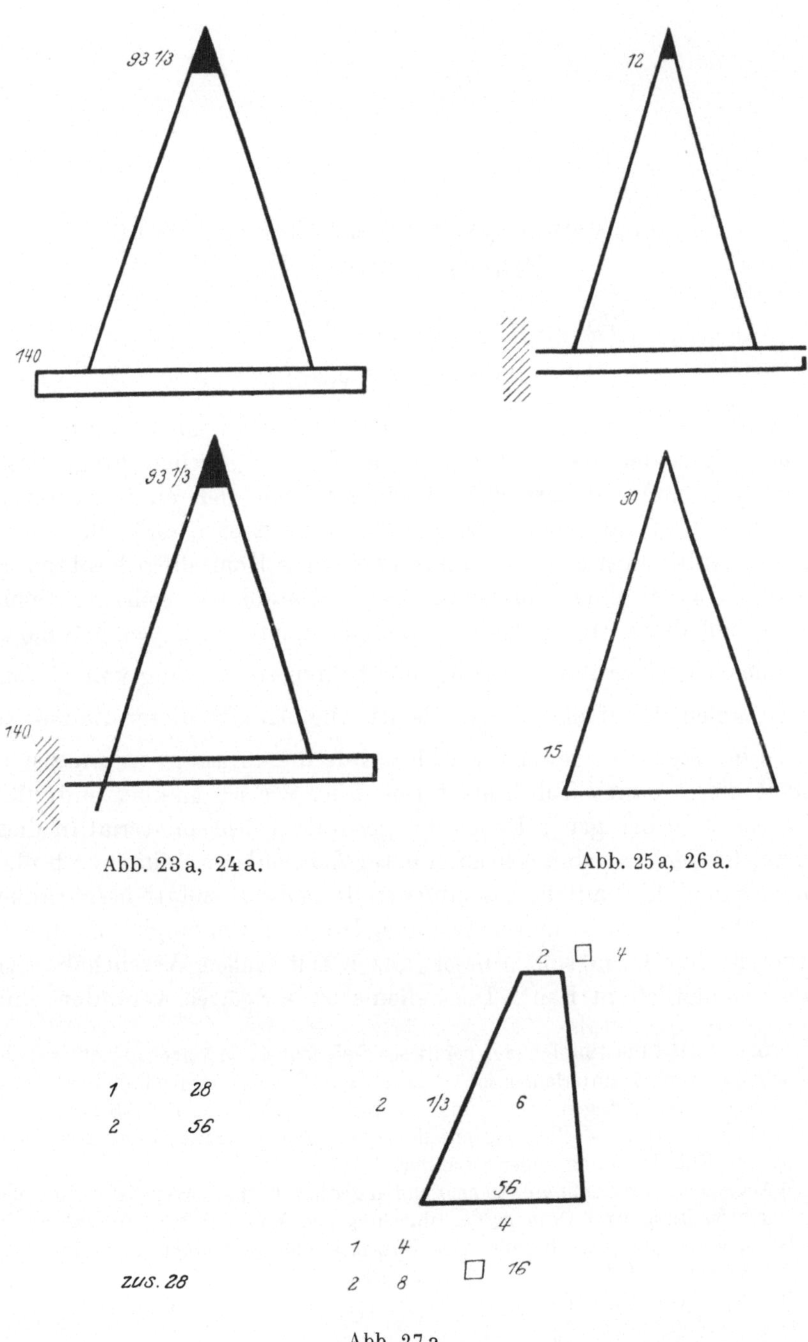

Abb. 23a, 24a.

Abb. 25a, 26a.

Abb. 27a.

Sexagesimalsystem und babylonische Bruchrechnung II.

Von O. Neugebauer in Göttingen.

(Eingegangen 5. 5. 31.)

In der ersten Mitteilung gleichen Titels[1]) habe ich auf folgende Eigentümlichkeiten der babylonischen Multiplikationstabellen hingewiesen: Nennt man eine Zahl „*regulär*", wenn sie keine anderen Primfaktoren enthält als 60 (andernfalls „*irregulär*"), so zeigt sich, daß alle uns bekannten Multiplikationstabellen nur reguläre Kopfzahlen besitzen, abgesehen von der einen Ausnahme $a = 7$. Daraus ließ sich der Schluß ziehen, daß diese Multiplikationstabellen (ursprünglich wenigstens) ein Instrument der Bruchrechnung darstellten zur Bildung von $\frac{m}{n}$ (m, n ganze Zahlen, Kopfzahl $a = \frac{1}{n}$). Es ist die Absicht dieser Zeilen, auf Grund indessen neu gewonnenen Materials diese Aussage zu präzisieren und in dieses ganze Tabellenmaterial eine, wie ich glaube, endgültige Systematik zu bringen[2]). Da ich das gesamte Tabellenmaterial in dieser systematischen Anordnung in absehbarer Zeit vorlegen zu können hoffe[3]), kann ich mich hier auf die Zusammenstellung der Resultate beschränken. Die Texte selbst entstammen etwa dem Intervall von Šulgi[4]) bis in spätassyrische Zeit[5]), und sind in dieser ganzen Zeit in allem Wesentlichen von streng einheitlichem Bau[6]). Die hellenistische Spätzeit verändert dann

---

[1]) Oben S. 183 bis 193. Ich muß bei dieser Gelegenheit ein Versehen richtigstellen, das mir l. c. Anm. 7 unterlaufen ist. Vor Ungnad haben sich nämlich schon die französischen Assyriologen (vor allem Delaporte, RA 8) von den Hilprechtschen Spekulationen befreit — allerdings mit derselben Erfolglosigkeit in der Auswirkung auf spätere Publikationen anderer Länder.

[2]) Abgesehen von dem unten zu nennenden großen Text aus Assur ist es vor allem die Durcharbeitung und Ordnung des einschlägigen Materials der „*Sammlung Hilprecht*" in Jena gewesen, die mir diese Zusammenhänge deutlich gemacht haben.

[3]) QS, Abt. A, Bd. 2, Kap. II, insbes. § 1 bis 4.

[4]) 3. Dyn. von Ur (ca. — 2250).

[5]) ca. — 600.

[6]) Nur in der Terminologie und äußeren Form läßt sich eine allmähliche Veränderung konstatieren. Vgl. l. c. Anm. 3, § 2d und § 3d.

die Anlage des ganzen Tabellensystems gründlichst — ich möchte glauben, daß dies auf den beginnenden Einfluß der Astronomie zurückzuführen ist, von dem vorher (wenigstens bis heute) nicht das Geringste zu spüren ist[7]).

1. Abgesehen von $a = 7$ sind folgende Kopfzahlen bei Multiplikationstabellen belegt (wobei die Spalte „n" anzeigt, zu welcher Zahl n die Kopfzahl a als Reziproke gehört und die letzte Spalte die Anzahl der betreffenden Texte angibt[8])).

a	n	Anzahl	a	n	Anzahl
50	1,12	13 + [3]	8	7,30	7
48	1,15	3	7,30	8	3 + [1]
45	1,20	13 + [2]	7,12	8,20	6 + [1]
44,26,40	1,21	9 + [3]	6,40	9	3 + [2]
40	1,30	9 + [4]	6	10	5 + [1]
36	1,40	11 + [3]	5	12	5 + [1]
30	2	14 + [3]	4,30	13,20	4 + [3]
25	2,24	16 + [2]	4	15	4 + [1]
24	2,30	14 + [3]	3,45	16	2 + [2]
22,30	2,40	9	3,20	18	3 + [2]
20	3	8 + [4]	3	20	4 + [1]
18	3,20	12 + [1]	2,30	24	9
16,40	3,36	8 + [3]	2,24	25	5
16	3,45	9 + [1]	2,15	26,40	1
15	4	6 + [1]	2	30	7
12,30	4,48	8 + [2]	1,40	36	4
12	5	8 + [1]	1,30	40	4 + [1]
10	6	10	1,20	45	2 + [1]
9	6,40	9 + [1]	1,15	48	2 + [1]
8,20	7,12	6 + [1]			

Es verteilen sich also 275 + [56] Tabellen in der angegebenen Weise auf 39 Kopfzahlen[9]); das Material ist also umfangreich genug, um sagen zu können, daß *nur* diese Kopfzahlen bei den Multiplikationstabellen vorkommen (immer abgesehen von $a = 7$, das in 6 + [1] Exemplaren belegt ist).

[7]) Es scheint, daß eine mathematische Astronomie höchstens bis in das 8. Jahrhundert zurückgeht.

[8]) Die eingeklammerten Summanden dieser Spalte beziehen sich auf einwandfrei ergänzbare Texte.

[9]) Jede Zahl ist demnach im Mittel über 8fach belegt.

Sieht man sich die obige Liste der Kopfzahlen $a = \bar{n}$ etwas näher an, so zeigt sich, daß es lauter Reziproke des Intervalls von 1,0 bis 1,0,0 sind[10]). Liest man also die Faktoren 1 bis 20, 30, 40, 50 einer Multiplikationstabelle zunächst als gewöhnliche ganze Zahlen zwischen 1 und 60, *so sind die Brüche* $\frac{m}{n}$ *inbesondere* echte *Brüche*, da der Zähler immer in der ersten Hexade, der Nenner aber in der zweiten liegt.

2. Abgesehen von dieser Verschärfung des Resultates von S. 190 läßt sich aber aus unserer obigen Liste noch mehr schließen. Die Tatsache einer so ganz bestimmten Auswahl aller Kopfzahlen läßt nämlich vermuten, daß alle diese Texte als innerlich zusammengehörig zu betrachten sind. Dies läßt sich nun in bester Weise bestätigen durch folgende Beobachtungen.

a) Texte, die nur eine einzige Multiplikationstabelle tragen („Einzeltabellen"), endigen manchmal mit einer „Anschlußzeile", die besagt, welche Tafel in der Serienordnung auf die vorliegende Tafel zu folgen hat. So verweist z. B. eine Einzeltabelle für $a = 12{,}30$ auf $a = 12$, eine für 9 auf 8,20 usw.[11]). Die Aufeinanderfolge der Einzeltabellen innerhalb der Serie entspricht also genau der in der obigen Gesamtliste.

b) Wenn Texte mehrere Multiplikationstabellen tragen („kombinierte Tabellen"[12])), so bilden diese immer eine Teilmenge unserer Gesamtliste.

c) Alle und nur solche kombinierten Tabellen, die als erste Multiplikationstabelle eine für $a = 50$ tragen, tragen vorher noch eine „Reziprokentabelle"[13]). $a = 50$ ist auch die erste Zahl unserer Liste; zur Gesamtheit der Multiplikationstabellen für die oben aufgezählten regulären $a = \bar{n}$, wobei n der zweiten Hexade angehört, gehört also noch als notwendige Ergänzung eine Tabelle der Stammbrüche der ersten Hexade.

d) Ein großer Text aus Assur („A 20", gegenwärtig in Konstantinopel unauffindbar, mit abgebrochener Ecke in Berlin = VAT 9734[14])) ist ein Sammeltext, der (abgesehen von $a = 2{,}24$) genau die Liste unserer sämtlichen Tabellen enthält. Hier ist also einmal die ganze Serie, die

---

[10]) Die Frage, welche n ausgewählt sind, kann ich noch nicht beantworten. Jedenfalls sind es nur zweistellige n mit auch nur zweistelligen Reziproken (abgesehen von $\overline{1{,}21} = 44{,}26{,}40$). Aber es sind auch nicht alle zweistelligen Paare.

[11]) Es sind dies die Texte 215 und 217 der Sammlung Hilprecht in Jena.

[12]) S. o. S. 189.

[13]) S. o. S. 188.

[14]) Nebenbei bemerkt war die Zusammenfügung von VAT 9734 und A 20 dadurch zustande gekommen, daß bei sachlicher Anordnung der Texte nach dem System unserer obigen Liste der Berliner Text neben A 20 anzubringen war und sich dann (an den Photos) zeigte, daß sie sich auch geometrisch genau aneinanderschließen ließen.

sonst in Einzeltabellen oder kombinierten Tabellen geringeren Umfanges aufgelöst ist, auf einer einzigen Tafel gesammelt[15]). Wir können also A 20 als Repräsentanten für das ganze Tabellensystem gelten lassen.

3. Es fügt sich nicht in unser Schema die irreguläre Kopfzahl $a = 7$. Da sie in 5 Einzeltabellen belegt ist, einmal ausdrücklich als nächste Tafel der Serie auf einer Einzeltabelle für 7,12 genannt wird[16]) und außerdem in A 20 vorkommt, ist kein Zweifel möglich, daß auch sie, aber als einzige irreguläre Kopfzahl, dem System der Multiplikationstabellen zuzuzählen ist.

Diese Tatsache läßt sich nun leicht verständlich machen. Um beliebige Sexagesimalzahlen zu multiplizieren, brauchte man in Analogie zu unserm ,,kleinen 1×1" Tabellen für alle 3481 Produkte $a \cdot b$ für $1 \leqq a < 60$, $1 \leqq b < 60$. Jede einzelne Kopfzahl a wäre also mit b von 1 bis 59 zu multiplizieren. Unsere Texte verkürzen dies zu den Multiplikationen mit b von 1 bis 20, 30, 40, 50, was offenbar auch ausreicht, wenn man eine Zwischenaddition einschaltet[17]). Entsprechendes könnte auch für den andern Faktor gelten, so daß man mit der Kenntnis von 529 Produkten auskäme. Aber auch das entspricht noch nicht dem Textmaterial, denn es sind eben nicht alle Kopfzahlen a von 1 bis 20 vertreten, sondern nur jene regulären und 7. Aber es ist auch gar nicht nötig, alle a und b gerade bis 20 zu verwenden, denn bei dem dezimalen Einschlag, den das ,,Sexagesimalsystem" doch aufweist, würde bereits $1 \leqq a \leqq 10$, $1 \leqq b \leqq 10$ und $a, b = 20, 30, 40, 50$ praktisch dieselben Dienste tun, also die Kenntnis von 196 Produkten ausreichen. Dies ist aber in sehr einfacher Weise aus dem Bestand der zunächst der Bruchrechnung dienenden ,,Multiplikationstabellen" zu gewinnen: Zwischen 1 und 10 sind alle Zahlen regulär mit einziger Ausnahme von $a = 7$, ebenso sind 20, 30, 40 und 50 regulär. Also: *Die Hinzufügung der* einzigen *Tabelle für $a = 7$ macht also aus dem System der Bruchrechnungstabellen mit einem Schlage ein System echter* Multiplikations*tabellen*, das es gestattet, beliebige Sexagesimalprodukte auf die Kenntnis von 322 Produkten a·b für

$$a = 1 \text{ bis } 10, 20, 30, 40, 50$$
$$b = 1 \text{ bis } 20, 30, 40, 50$$

zurückzuführen. All dies hat natürlich zur Voraussetzung die volle Einsicht in die Elastizität des positionellen Charakters der Sexagesimal-

[15]) Es ist ein Text von etwa 1200 Zeilen (ca. 28 × 21 cm). Offenbar bildete der von Hilprecht BE 20, 1 Pl. VII publizierte Text ein Gegenstück zu A 20. Allerdings fehlen im gegenwärtigen Zustand die beiden letzten Kolumnen.

[16]) CBM 11 368 = Hilpr. BE 20,1 Nr. 12.

[17]) Multiplikation mit 47 ist durch die mit 30 + 17 oder 40 + 7 oder 50 — 3 usw. ersetzbar.

zahlen. Die Rechnungen der „eigentlich" mathematischen Texte bestätigen im Übermaß diese Voraussetzung.

4. Es sind noch einige ergänzende Bemerkungen hinzuzufügen.

a) A 20, andere kombinierte Tabellen usw. zeigen, daß die Tabellen nach fallenden Kopfzahlen a anzuordnen sind. Da diese a zunächst als Reziproke ganzer Zahlen n der zweiten Hexade zu verstehen sind, so ist diese Anordnung sofort verständlich als Anordnung nach steigenden n.

b) Die einzelnen Multiplikationstabellen (so die von A 20) endigen oft mit der Angabe von $\bar{a} = n$ und a^2. Das erstere ist ohne weiteres durch unsere Ausführungen verständlich, das zweite zeigt, daß auch die Quadratzahlen zu dem Tabellensystem gerechnet werden. Bei ihrer Auffassung als echte Multiplikationstabellen ist das nicht verwunderlich.

c) Dem entspricht, daß z. B. A 20 mit einer besonderen Quadratzahltabelle schließt[18]). Dadurch ist auch diese Tabellengattung eingeordnet.

d) A 20 gibt bei der Multiplikationstabelle für $a = 1{,}40$ eine Umrechnung in Flächenmaße iku. In der Tat ist 1 iku $= 100$ GAR^2 und das GAR ist das übliche Längenmaß von den Felderplänen bis in die eigentlich mathematischen Texte[19]). Dieselbe enge Beziehung der Tabellentexte zu metrologischen Dingen läßt sich auch sonst immer wieder nachweisen. Dies bestätigt nur die These, daß die Geschichte des „Sexagesimalsystems" allein aus der Geschichte der Maßsysteme zu verstehen ist.

5. Schlußbemerkung. Die durch das Vorangehende zu einem gewissen Abschluß gebrachte Untersuchung der Tabellentexte enthüllt ihren Sinn erst durch Einspannung in einen weiteren geschichtlichen Rahmen. Einerseits zeigt sie uns ein Stück Entwicklungsgeschichte: Das Problem der Bruchrechnung erweist sich auch hier als eines der Kernprobleme antiker Mathematik: es hat der ägyptischen Mathematik seinen Stempel aufgedrückt, es hat dies, wie wir jetzt sehen, auch bei der babylonischen getan; es ist bei der griechischen Mathematik in der Theorie der *λόγοι* wieder entscheidend geworden. In der Art, wie das gleiche Problem von diesen drei Kulturen betrachtet wird, offenbart sich wieder H. Hankels Wort: „Es ist eben Mathematik auch eine Wissenschaft, die von Menschen betrieben wird, und jede Zeit, sowie jedes Volk hat nur Einen Geist." Die echt mathematische Analyse der Griechen mit allen logischen Konsequenzen, die völlig unmathematisch, nur entwicklungsgeschichtlich heraufgeführte Bruchrechnung der Ägyp-

---

[18]) Sie ist bis 18^2 auf „VAT 9734" erhalten. Die Ergänzung auf Grund des Umfanges von A 20 würde einer Ausdehnung bis 30^2 entsprechen.

[19]) Es ist also nicht die Elle die Grundeinheit der mathematischen Texte, sondern das GAR $= 12$ Ellen. Diese Bemerkung erklärt viele zunächst unverständliche Stellen der mathematischen Texte. Vgl. z. B. oben S. 442, Anm. 101.

ter repräsentieren Entwicklungsmöglichkeiten individuellster Prägung. Die babylonische Mathematik läßt sich immer deutlicher als dritter Typus ebenso selbständiger Eigenart erkennen. An innerer logischer Kraft ist sie der ägyptischen Mathematik unendlich überlegen und doch auch dem griechischen Typus fremd. Jede dieser Kulturen muß sozusagen aus ihren „inneren Eigenschaften" verstanden werden, unabhängig von der Einbettung in den Raum der kulturellen Beziehungen und Abhängigkeiten. Auch von diesem „inneren" Gesichtspunkt aus sind die gewonnenen Einsichten in diesen speziellen Zweig der sexagesimalen Rechentechnik von Bedeutung. Denn sie zeigen uns neben der entwicklungsgeschichtlichen Bedingtheit andererseits eine merkwürdige Starrheit: Tabellentexte aus einem Intervall von (mindestens) der spätsumerischen Zeit an bis in jungassyrische Zeit hinein (also etwa $1^1/_2$ Jahrtausende!) werden zu einem festen Schema zusammengeschlossen! Die geschichtliche Entwicklung liegt also eigentlich noch vor diesem Intervall, in diesem selbst spielen sich nur noch Veränderungen zweiter Ordnung ab. Erst der Schluß der antiken Geschichte des Zweistromlandes bringt ganz neue Umgestaltungen mit sich — vielleicht wesentlich durch Perserzeit und Hellenismus mit bedingt. In dieser Starrheit, die einer für uns nur noch aus Relikten erfaßbaren Entwicklungsgeschichte folgt, liegt vielleicht der größte Gegensatz beider „vorgriechischen" Kulturen gegen das eigentlich Griechische.

Sexagesimalsystem und babylonische Bruchrechnung III.

Von O. Neugebauer in Göttingen.

(Eingegangen am 11. 8. 1931.)

In der vorangehenden Mitteilung gleichen Titels[1]) habe ich zu zeigen versucht, wie aus einem ursprünglich aus der *Bruchrechnung* entwickelten Tabellensystem durch Berücksichtigung der einen Ausnahmeprimzahl 7 ein System echter *Multiplikations*tabellen gewonnen wurde. Die folgenden Bemerkungen kehren wieder zur Bruchrechnung, oder besser zum Divisionsalgorithmus, zurück, dehnen die Betrachtung aber u. a. auch auf solche Fälle aus, in denen gerade *irreguläre* Divisoren auftreten, d. h. solche Divisoren, die auch andere Primzahlen als 2, 3 und 5 enthalten.

1. Bezeichnungen.

Im folgenden bedeute p immer eine „Ausnahmeprimzahl" (d. h. $p \neq 2, 3, 5$). Es seien $\alpha, \beta, \gamma, \ldots$ irgendwelche ganze Zahlen $\gtreqless 0$ und a, b rationale Zahlen. Dann soll

$$a \equiv b \text{ (fact. 2, 3, 5)}$$

ausdrücken, daß $a = 2^{\alpha} 3^{\beta} 5^{\gamma} \cdot b$ ist. Speziell bedeute

$$a \equiv b \text{ (fact. 60)}$$

daß $a = 60^{\varkappa} b$ ist. Die Zahlen

$$a \equiv 1 \text{ (fact. 2, 3, 5)}$$

sollen „reguläre" Zahlen heißen, alle anderen rationalen Zahlen „irregulär"[2]).

2. Verallgemeinerte Reziprokentabellen und Dezimalbrüche.

Abgesehen von rein terminologischen Varianten sind die üblichen Reziprokentabellen Listen, die Zahlen n und $\bar{n}$ durch die Worte

igi n $\bar{n}$

verbinden, die bedeuten, daß

(1) $$n \equiv 1 \text{ (fact. 2, 3, 5)}$$

und außerdem

---

[1]) Oben S. 452 bis 457. [2]) Vgl. S. 452.

(2) $$n \cdot \bar{n} \equiv 1 \text{ (fact. 60)}$$

gilt[3]). Eine derartige Liste von Zahlen n, $\bar{n}$ wollen wir speziell eine „*reguläre Reziprokentabelle*" nennen, zur Unterscheidung einer Liste von Zahlen n, $\hat{n}$ für die zwar

(3) $$n \equiv 1 \text{ (fact. 2, 3, 5)}$$

aber

(4) $$n \cdot \hat{n} \equiv a \text{ (fact. 2, 3, 5)} \qquad a \text{ ganz}$$

gilt („*Reziprokentabelle der Basis a*" oder „*verallgemeinerte Reziprokentabelle*").

Wir betrachten zunächst den Spezialfall, daß n nur die Primzahlen 2 und 5 in einer von der nullten verschiedenen Potenz enthält, daß $n\hat{n} = a$ und $a = 10^\lambda$ ist. Dann ist die Beziehung zwischen n und $\hat{n}$ offenbar im wesentlichen die zwischen n und der Dezimalbruchentwicklung von $\frac{1}{n}$. Spezialisieren wir aber (3) und (4) allein dadurch, daß $a = 10^\lambda$ angenommen wird, so erhält man *eine Tabelle genau jener Bruchteile von 10^λ, die sich durch endliche Sexagesimalausdrücke schreiben lassen*[4]). Eine solche Tabelle ist sofort herstellbar, sobald man eine reguläre Reziprokentabelle besitzt; offenbar ist nämlich $n\hat{n} \equiv 10^\lambda$ (fact. 60), wenn $n\bar{n} \equiv 1$ (fact. 60) und

$$\hat{n} = 10^\lambda \bar{n}.$$

Setzen wir insbesondere $\lambda = 1$, so bilden n und $\hat{n}$ eine „Reziprokentabelle der Basis 10", von der ein kleiner Ausschnitt in dem Text VAT 3462 tatsächlich erhalten ist. Das leider nur ganz winzige Fragment lautet:

////////////////
igi 3 3,20
igi 4 2,30
igi 5 2
igi 6 1,[40]
igi 8 1,[15]
//////////////////

Es reicht aber völlig aus, alles Wesentliche erkennen zu lassen. Dabei ist zu konstatieren, daß die Terminologie allein nicht zwischen

---

3) Daraus folgt, daß auch $\bar{n} \equiv 1$ (fact. 2, 3, 5) ist.

4) Beweis:

I. Aus $n\hat{n} = 10^\lambda 2^\alpha 3^\beta 5^\gamma$ folgt, daß $\hat{n} = \frac{1}{n} 2^{\alpha+\lambda} 3^\beta 5^{\gamma+\lambda} = \frac{1}{n} 2^\alpha 3^{\beta'} 5^{\gamma'}$ ist. Wegen $n \equiv 1$ (fact. 2, 3, 5) ist $\frac{1}{n}$ ein endlicher Sexagesimalausdruck, also auch $\hat{n}$.

II. Ist m eine rationale Zahl und $\frac{10^\lambda}{m}$ eine endliche Sexagesimalzahl $\hat{n}$, so ist auch $\frac{1}{m} = 10^{-\lambda}\hat{n}$ eine solche, also $m \equiv 1$ (fact. 2, 3, 5) und $m\hat{n} = 10^\lambda$.

$$\text{igi } n \quad \bar{n} \qquad n\bar{n} \equiv 1 \text{ (fact. 60)}$$

und

$$\text{igi } n \quad \hat{n} \qquad n\hat{n} \equiv a \text{ (fact. 60)}$$

zu unterscheiden gestattet — wieder ein Beispiel für die für die ganze Geschichte der Mathematik geltende Tatsache, daß die sprachliche Interpretation der Termini allein nicht ausreicht, um ihre Bedeutung zu erschließen[5]).

3. Division durch irreguläre Zahlen.

Ist n eine reguläre Zahl, so wird bekanntlich die Division $m:n$ mit Hilfe einer Reziprokentabelle auf die Multiplikation $m.\bar{n}$ zurückgeführt. Diese Divisionsmethode bringt es mit sich, daß Divisionen $m:i$ mit irregulärem Divisor nicht ausführbar werden, auch dann nicht, wenn die Division an sich aufgehen würde, dadurch, daß i ein Teiler von m ist.

Wir wollen diesen letzten Fall näher untersuchen und einen Weg beschreiben, der jenen Mangel der Methode zu vermeiden gestattet. Um die Diskussion nicht zu sehr zu komplizieren, wollen wir annehmen, daß die Irregularität des Divisors i nur davon herrührt, daß i eine einzige irreguläre Primzahl p und diese nur in erster Potenz enthält:

(5) $$i \equiv p \text{ (fact. 2, 3, 5)}.$$

Die Division $m:i$ geht dann und nur dann sexagesimal auf, wenn auch m die Primzahl p enthält. Hier sind zwei Fälle möglich: a) es ist auch $m \equiv p$ (fact. 2, 3, 5) oder b) dies gilt nicht, d. h., m enthält p in höherer als erster Potenz oder noch andere irreguläre Primzahlen oder beides. Im Falle a) kürzt sich bei der Division $m:i$ die Primzahl p einfach aus Dividend und Divisor weg, so daß man ein Resultat

$$x = \frac{m}{i} \equiv 1 \text{ (fact. 2, 3, 5)}$$

erhält. Im Falle b) hat m also die Gestalt $m = p \cdot a \cdot r$, wo a eine Zahl ist, für die $a \equiv 1$ (fact. 2, 3, 5) gilt und im Rest r alle anderen evtl. noch vorhandenen irregulären Primfaktoren sowie der Faktor $p^{\mu} = (\mu \geqq 0)$ gesammelt sind. Die Division $m:i$ hat dann das Resultat

$$x = \frac{m}{i} \equiv r \text{ (fact. 2, 3, 5)}.$$

Die Lösung unterscheidet sich also im Falle b) nur um einen multiplikativen Faktor von der im Falle a), verlangt also keine neuen rechentechnischen Hilfsmittel, sondern nur noch eine Multiplikationstabelle. Wir dürfen uns daher im folgenden auf die vereinfachende Annahme beschränken, daß

(6) $$m \equiv p \text{ (fact. 2, 3, 5)}$$

ist.

[5]) Nebenbei bemerkt ist die Grundbedeutung von igi „Auge“ (vgl. Poebel, Grundzüge der sumerischen Grammatik, § 330).

Es sei nun eine verallgemeinerte Reziprokentabelle der Basis p gegeben, d. h. eine Liste von Zahlen igi n $\hat{n}$, wobei n die Folge der regulären Zahlen

(7) $$n \equiv 1 \text{ (fact. 2, 3, 5)}$$

einer regulären Reziprokentabelle durchläuft, $\hat{n}$ aber mit n durch

(8) $$n\hat{n} \equiv p \text{ (fact. 2, 3, 5)}$$

zusammenhängt (vgl. oben Gleichung (3) und (4)). Aus (7) und (8) folgt dann, daß $\hat{n}$ eine Folge von Zahlen durchläuft, die

$$\hat{n} \equiv p \text{ (fact. 2, 3, 5)}$$

erfüllt. Unter den Faktoren $2^{\alpha} 3^{\beta} 5^{\gamma}$, die hier zu p hinzutreten können, muß jede bestimmte Kombination $2^{\alpha_0} 3^{\beta_0} 5^{\gamma_0}$ wirklich vorkommen, wenn man nur die Spalte der n, die ja mit der linken Spalte einer regulären Reziprokentabelle identisch ist (vgl. Gl. (1)) weit genug fortführt. Das besagt: Wenn die Division $m:i$ dadurch aufgeht, daß m (6) erfüllt, so muß m unter den Zahlen $\hat{n}$ der rechten Spalte einer Reziprokentabelle der Basis p enthalten sein, d. h., es muß ein ganz bestimmtes n_0 geben, so daß das zugehörige $\hat{n}_0 = m$ ist. Aus

$$n_0 \hat{n}_0 = n_0 m \equiv p \text{ (fact. 2, 3, 5)}$$

folgt, daß

$$\frac{m}{p} \equiv \frac{m}{i} = x \text{ (fact. 2, 3, 5)}$$

ist, oder

$$x \equiv \frac{m}{p} \equiv \frac{1}{n_0} \text{ (fact. 2, 3, 5)}$$

gilt, d. h., daß das Divisionsresultat $x = \frac{m}{i}$ einfach durch

(9) $$x \equiv \bar{n}_0 \text{ (fact. 2, 3, 5)}$$

gegeben ist, mithin einer regulären Reziprokentabelle entnehmbar ist. Außerdem zeigt sich, daß die Stellenzahl des Resultates einfach mit der Stellenzahl der linken Spalte der zugehörigen regulären Reziprokentabelle identisch ist, was für die praktische Durchführung der Rechnung sehr wesentlich ist.

Schon oben wurde bemerkt, daß der Fall eines $m = p \cdot a \cdot r$ mit $r \neq 1$ keine neuen Hilfsmittel erfordert, ebenso ist leicht einzusehen, wie man sich bei allgemeinen Typen der Irregularität von i zu benehmen hat. Allerdings würde dies theoretisch die Anlegung eines unendlichen Tabellensystems bedingen. In der Praxis wird dies aber durch den Umstand kompensiert, daß die regulären Zahlen sehr dicht liegen und bei Beschränkung auf nicht zu umfangreiche Rechnungen doch nur wenige verallgemeinerte Reziprokentabellen benötigt werden. Der erste Fall wäre wieder $p = 7$.

Ich will nun einen Text beschreiben, der genau die geforderte Struktur besitzt. Bezold hat in seinem „Catalogue of the cuneiform tablets in the Kouyunjik collection of the British Museum", vol. 1 (1889), p. 400 den Tabellentext K 2069 kurz behandelt und die vier ersten Zeilen reproduziert als „probably containing mathematical calculations", Hilprecht erkannte (BE 20,1, 1906, S. 25 ff.), daß das Produkt der beiden Spalten der Tabelle konstant sei; in seinem Drang zur absoluten Normierung aller Sexagesimalzahlen las er aber z. B. den von ihm prinzipiell richtig rekonstruierten Tabellenanfang[6]) igi 1 1,10 als

„the 216,000 parth of 195,955,200,000,000 = 907,200,000".

Dieser Text wurde nochmals kurz von Delaporte, RA 8 (1911), S. 133 erwähnt, bis Scheil, RA 13 (1916), S. 142 den einfachen Sachverhalt konstatierte, daß „le dividend est 70". In der Tat ist K 2069 eine jener verallgemeinerten Reziprokentabellen, die wir aus den obigen Auseinandersetzungen kennen und zwar die für $a = 70$. Er lautet[7]):

Vs. //////////////////////////////		Rs.	
1. [igi 2,30]	28 —	1. igi 4, 3	17,17,2,13,20
2. igi 2,[40]	26,[15]	2. igi 4,10	16,48
3. igi 2,46,40	25,12	3. igi 4,13, 7,30	16,35,33,20
4. igi 3 —	23,20	4. igi 4,16	16,24,22,20
5. igi 3, 7,30	22,24	5. igi 4,19,12	16,12,13,20
6. igi 3,12	21,52,30	6. igi 4,20,25	16, 7,40,48
7. igi 3,20	21 —	7. igi 4,26,40	15,45
8. igi 3,22,30	20,44,26,40	8. igi 4,30	15,33,20
9. igi 3,33,20	19,41,15	9. igi [4,48]	14,35
10. igi 3,36	19,26,40	10. [igi 5 —]	14 —
11. igi 3,42,13,20	18,5[4]	11. [igi 5, 3,45]	[1]3,49,37,46,40
12. igi 3,45	18,40	12. [igi 5, 7,12]	[13,40,]18,45
13. [igi 4] —	17,30	//////////////////////////////////[8])	

[6]) Hilprecht ergänzte als erste Zeile igi 1 1,10 àm, d. h., er setzt eine Terminologie voraus, wie sie ihm aus den damals bekannten Nippurtexten geläufig war. Heute läßt sich aber nachweisen, daß diese Terminologie nur eine bereits ganz verschliffene Form eines ursprünglich viel ausführlicheren Tabellenanfanges darstellt, (auch die Übergangsformen lassen sich verfolgen), so daß man über die Terminologie der verallgemeinerten Reziprokentabellen nicht mehr so ohne weiteres Angaben machen wird, da es durchaus möglich ist, daß ihr ursprünglicher Tabellenanfang von dem der regulären Tabellen wesentlich abgewichen ist.

[7]) Nicht durch Zurückrechnung der Hilprechtschen Zahlen gewonnen, sondern nach Photographie kollationiert, die mir vom British Museum freundlichst zur Verfügung gestellt wurde.

[8]) Rs. 14 und 15 wohl sicher:

[igi 5,20 13,]7,30
[igi 5,24 12,57,]46,40.

Dagegen würde Rs. 13 /////5,37,30 nur zu einer 5 stelligen Ausgangszahl (5,10,41,21,4) passen mit 10 stelliger verallgemeinerten Reziproken.

Die ursprüngliche reguläre Reziprokentabelle wird eine 3stellige Tabelle gewesen sein. Von 41 3stelligen Reziproken des Intervalles 2,30 bis 5,30 sind 28 verwertet[9]. Danach ließe sich ein Gesamtumfang des Textes rekonstruieren, der die Mehrzahl der 3stelligen Reziproken zwischen 1 und 10 umfaßt haben könnte[10]. Es ist zu beachten, daß die linke Seite dieser Tabelle in vollkommener Übereinstimmung mit den obigen Überlegungen ausschließlich reguläre Zahlen enthält, obwohl selbstverständlich auch gewisse durch 7 teilbare Zahlen eine endliche rechte Seite ergeben würden (z. B. wäre igi 2,55 24).

4. Zusammenfassung.

Ich interpretiere die beiden oben angegebenen Texte als Produkt beabsichtigter mathematischer Überlegungen[11]: den einen als Tabelle, die zwischen Dezimal- und Sexagesimalteilung vermitteln soll, den andern als verallgemeinerte Reziprokentabelle für die Division durch irreguläre Zahlen $i \equiv 7$ (fact. 2, 3, 5). Ich weiß, daß darin neuerlich die Annahme steckt, daß man ganz bewußt die Vorteile des Sexagesimalsystems voll auszunützen verstand. Wenn auch dieses Zahlensystem, wie das ganze Tabellenwesen, durchaus als allmählich historisch entwickelt verstanden werden muß und kann, so besagen unsere Konstatierungen doch sehr viel für das *Niveau* der babylonischen Mathematik. Weil diese Konsequenz andernfalls nur durch die Annahme sinnlosen Zufalls oder willkürlicher Zahlenspielerei ersetzt werden kann (d. h., durch eine Annahme, die bei der Fülle verschiedenartigsten Materials nur als unhaltbar zu bezeichnen ist), so scheue ich mich nicht, sie zu ziehen.

Zum Schluß ist noch darauf hinzuweisen, daß die vorangehenden Bemerkungen endlich den Schlüssel zum Verständnis der *igi nu* du_8- („teilt nicht")-Stellen der „eigentlich mathematischen Texte" liefern, indem sie zeigen, wie diese Texte eine ständige Bezugnahme auf das System der Rechentabellen voraussetzen.

---

[9]) Eine derartige Unvollständigkeit ist bei mehrstelligen Reziprokentabellen das Übliche.

[10]) Einzelheiten vgl. QS A 2, Kapitel II, § 3.

[11]) Selbstverständlich nur der Sache, nicht der Form nach der obigen Darstellung entsprechend.

Die diairetische Erzeugung der platonischen Idealzahlen.

Von Oskar Becker, Freiburg i. B.

(Eingegangen am 10. 6. 1931.)

... ὁκοίων ἐγὼ διηγεῦμαι
διαιρέων ἕκαστα κατὰ φύσιν
καὶ φράζων ὅκως ἔχει.

Heraklit, fr. 1.

1.

Die folgenden Ausführungen verfolgen den Zweck, die diairetische Theorie der platonischen Idealzahlen, die J. Stenzel in seinen bekannten Veröffentlichungen[1]) aufgestellt hat, in einem wesentlichen Punkte weiter auszugestalten und damit dem alten Problem näherzukommen: Was sind eigentlich, ganz konkret gesagt, die sogenannten „Idealzahlen“ und wie werden sie erzeugt?

Daß gerade diese Frage auch noch jetzt, trotz der Forschungen Stenzels, die in vieler Hinsicht dem Idealzahlproblem ein ganz neues Gesicht gegeben haben, ungelöst ist, kann keinem Zweifel unterliegen. Wenn es bei Stenzel (ZG 117) heißt: „Die Zahlen als Ideen sind Ordnungsprinzipien, die dialektisch die Einheiten nach ihrem Stellenwert im System unterscheiden. Das ist ... der Sinn der Idealzahlen, die Entfaltungsstufen der diairetischen Entwicklung zu ordnen und die einzelnen Ideen damit unterscheidend und gegeneinander ‚begrenzend‘ zu bestimmen“[2]), so ist dies gewiß durchaus richtig. Aber man wird von hier aus zu der Frage gedrängt: Wie geschieht des näheren diese „dialektische Unterscheidung“ der Ideen „nach ihrem Stellenwert im System“?

Zunächst: Um welches System handelt es sich? Man wird sofort an das von Stenzel (ZG 31) aufgestellte diairetische Schema der Zahlen-

---

[1]) Studien zur Entwicklung der platonischen Dialektik von Sokrates zu Aristoteles. Breslau 1917. — Zahl und Gestalt bei Plato und Aristoteles. Leipzig-Berlin 1924 (Abkürzung: ZG). — Artikel „Speusippos“ in Paulys Realenzyklop. d. klass. Altertwiss. (ca. 1928). — Zur Theorie des Logos bei Plato u. Aristoteles; diese Zeitschr., Bd. I, S. 34ff. (1929).

[2]) Vgl. auch ähnliche Äußerungen, S. 118, Anm. 1 gegen Schluß, S. 120 u. a. m.

erzeugung denken, in dem jede der einzelnen Zahlen wirklich eine bestimmte Stelle eindeutig bezeichnet. (Fig. 1.)

Jede Idee hätte in diesem System eine bestimmte Stelle inne auf Grund eines dem Zahlenschema formal genau gleichen begrifflichen Zerlegungsschemas, einer diairetischen „Eidē-Kette", wie sie uns in mehreren Beispielen im „Sophistes" und „Politicus" erhalten sind und darüber hinaus höchstwahrscheinlich in den von Aristoteles erwähnten[3]) „niedergeschriebenen Einteilungen" (*γεγραμμέναι διαιρέσεις*) der alten Akademie (die vermutlich mit den Speusippischen „*Ὅμοια*" (Ähnlichkeiten) identisch sind[4]) vorgelegen haben (vgl. ZG 11). Insofern „wären dann die Ideen Zahlen", wie es so oft bei Aristoteles heißt. Einer jeden Idee einer bestimmten Ideenkette wäre in geeigneter Weise (die die Eineindeutigkeit zu garantieren hätte) eine bestimmte Zahl zuzuordnen und sie „wäre" demnach, gemäß der hier noch vorliegenden „mystischen" Vorstellungsweise, für die eineindeutiges Zuordnen und Identifizierung ineinander verfließen, jene Zahl. Stenzel selbst scheint allerdings einer so konsequenten Ausdeutung seiner Theorie zu widerstreben. Er sagt (ZG 118, Anm. 3 gegen Ende), daß „jede einzelne Idee ihre Stelle oder Zahl hat", aber nicht, daß sie diese Zahl ist.

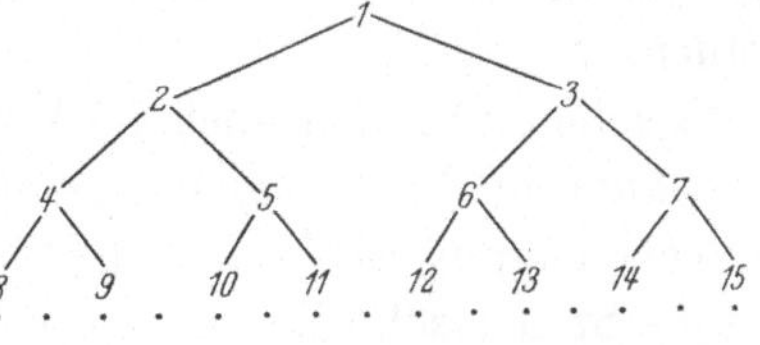

Fig. 1

Was sind nun aber die Idealzahlen? Sind sie die Zahlen des diairetischen Schemas? Wenn sie aber das sind, — sind sie dann wirklich Ideen? Denn gerade daß die Zahlen Ideen sind, lehren die Zeugnisse allerorten. Ferner: Sind die Zahlen des Stenzelschen Schemas denn wirklich — „Ideal-Zahlen"? Sind es nicht vielmehr ganz gewöhnliche „mathematische" Zahlen, nur in einer etwas ungewohnten Anordnung? Haben wir aber nicht deutliche Zeugnisse (bei Aristoteles, Met. M 6—9 und anderswo) dafür, daß die *εἰδητικοὶ ἀριθμοί* etwas von den mathematischen Zahlen qualitativ und ihrer inneren Struktur nach gänzlich Verschiedenes sind?

Und wie steht es mit der Erzeugungsweise der Zahlen im Stenzelschen Schema? Ist es wirklich eine „diairetische", der Begriffszerlegung analoge Entstehungsweise, die hier vorliegt?

Das Schema der Erzeugung ist offenbar folgendes:

$$\begin{array}{c} n \\ \swarrow \quad \searrow \\ 2n \qquad 2n+1 \end{array}$$

[3]) de part. animal. I, 2 (642b, 12); de gen. et corr. II, 3 (330b, 16).

[4]) Vgl. Stenzel, Speusippos, Sp. 1657.

Wird hierbei n in $2n$ und $2n+1$ zerspalten, so wie ein Eidos in zwei Unter-Eidē zerspalten wird — etwa „Lebewesen" in „befußte" und „unbefußte" u. dgl.? Offenbar nicht. Der Übergang von n auf $2n$ ist wohl durch Verdoppelung, d. h. Spaltung der Zahleinheiten in die doppelte Anzahl neuer Einheiten zustandegekommen. Aber der Schritt von $2n$ auf $2n+1$ kann doch nur durch Hinzufügung (πρόσθεσις) von 1 zu $2n$ geschehen. Jedenfalls entstehen aber nicht $2n$ und $2n+1$ gleichzeitig durch Diairesis aus n, sondern ihre Genesis würde richtiger durch das Sukzessions-Schema: $n \rightarrow 2n \rightarrow 2n+1$ wiedergegeben werden.

Es sollen nun aber auch die Vorzüge des Stenzelschen Schemas nicht unerwähnt bleiben. Was es leistet, ist folgendes: Während die übliche Zahlenerzeugung die wiederholte Addition von 1 erfordert, vermeidet dies die Stenzelsche Erzeugungsweise. Sie hat zwei Operationen zur Verfügung: die Verdoppelung, die iterierbar angenommen werden muß, und die Addition von 1, die nicht mehrere Male unmittelbar hintereinander ausgeführt zu werden braucht. Dies ist insofern ein Vorteil, als die Quellen (Aristoteles) für Idealzahlen zwar iterierte Verdoppelung kennen (Met. M 7, 1082a, 28—31), aber nur eine einmalige Addition von 1 (Met. M. 8, 1084a, 4—5). Ferner könnte daran gedacht werden, die Zahlen des Stenzelschen Schemas mit dyadischen anstatt dekadischen Ziffern zu schreiben; man hätte dann das natürliche Erzeugungsschema der Zahlen im dyadischen Positionssystem[5]). Indessen ist dieser Gedanke zur Interpretation Platos nicht zu gebrauchen. Denn das Altertum besaß (abgesehen von Indien) überhaupt kein Positionssystem für die Zahlen. Für das babylonische Sexagesimalsystem ist bekannt, daß es sich dabei nur um eine pseudopositionelle Zahlschreibung handelt[6]). Außerdem kommt auch dieses pseudopositionelle Zahlsystem erst wesentlich nach Plato und dann auch nur in der Form von astronomischen Sexagesimalbrüchen im griechischen Kulturkreis vor.

Im ganzen ist das Stenzelsche Schema trotz mancher Vorzüge noch nicht als die endgültige Lösung des Idealzahlproblems anzusehen. Vielleicht kann es aber zur Lösung hinführen. Die Richtung, in der man von ihm aus weiterzuschreiten hat, ist vorgezeichnet durch die soeben angestellten Überlegungen. Die Quellen fordern mit Entschiedenheit, daß die Ideen Zahlen sind, nicht nur Zahlen haben. Die Interpretation muß also darauf bedacht sein, Ideen und Zahlen einander möglichst nahe

[5]) Vgl. Verf., „Mathematische Existenz" (Halle a. S. 1927), S. 205, Anm. 1.

[6]) O. Neugebauer, Zur Entstehung des Sexagesimalsystems, Abhandl. d. Gesellsch. d. Wissensch. z. Göttingen math.-phys. Kl. N. F., Bd. XIII, 1 (1927). — Sexagesimalsystem u. babylonische Bruchrechnung, diese Zeitschr., Bd. I, S. 183ff. (1929).

zu bringen; insbesondere muß ihre Erzeugungsweise in eine möglichst vollkommene Übereinstimmung gebracht werden. Überliefert ist nun mit Sicherheit und in allen Einzelheiten das platonische Verfahren der Begriffsspaltung (διαίρεσις) im „Sophistes" und „Politicus". Also bleibt nur übrig, die Entstehungsweise der (idealen) Zahlen — über die die Überlieferung sehr lückenhaft ist — der Diairesis der Eidē ganz analog zu gestalten. Hier ist der kritische Punkt, wo das Stenzelsche Schema versagt, denn $2n$ und $2n+1$ werden dort nicht aus n durch Diairesis erzeugt.

Wie aber muß die positive Lösung aussehen? Dafür gibt Aristoteles einen eindeutigen Hinweis durch ein Beispiel, die Erzeugung der idealen 2, 4, 8 . . ., insbesondere der Tetras aus der Dyas und der Oktas aus der Tetras (Met. M 7, 1082a, 28—31; vgl. etwa noch 1081b, 21f., b 25; 1082a, 13f.). Die ideale Vier entsteht aus der Zwei dadurch, daß jede der die Zwei bildenden beiden Einheiten in zwei neue Einheiten zerfällt, die dann eben die vier Einheiten der idealen Vier sind. Ähnlich entsteht die Acht aus der Vier und so alle Potenzen von zwei (ὁ ἀριθμὸς ἀφ' ἑνὸς διπλασιαζόμενος; vgl. Met. N 3, 1091a, 10—12). Wie die anderen Zahlen entstehen, wird noch zu erörtern sein; für jetzt läßt sich aber schon eine wertvolle Folgerung ziehen. Die Erzeugung der idealen 2, 4, 8, 16 usw. erfolgt nämlich offenbar wirklich durch Diairesis und zwar durch Zweiteilung der Einheiten (μονάδες) der jeweils in der Reihe (der Potenzen von 2) vorausgehenden Zahl. Es liegt also ein diairetisches Schema vor, in dem nicht die Zahlen selbst, sondern die Einheiten der Zahlen die Glieder sind, und das man graphisch etwa so darstellen kann, indem man die zerspaltenen, also „aufgehobenen" Monaden durch leere, die ungespaltenen, also noch subsistierenden durch volle Kreise kennzeichnet:

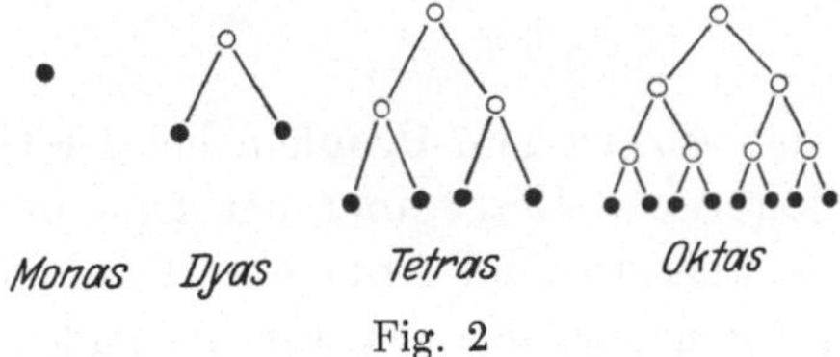

Fig. 2

Den Ideen im begriffsspaltenden Schema (der Eidē-Kette) entsprechen also die **Einheiten** der idealen Zahlen, nicht diese selbst.

Das steht anscheinend im Widerspruch zu der fortwährenden Aussage der Texte, „die Zahlen seien Ideen" und umgekehrt. Trotzdem soll an dieser These festgehalten und im folgenden versucht werden, sie in sachlicher und interpretatorischer Hinsicht durchzuführen.

2.

Welches sind zunächst die sachlichen Konsequenzen der aufgestellten These?

Das erste ist, daß die Aufgabe gelöst werden muß, diejenigen Zahlen, die nicht Potenzen von 2 sind, diairetisch zu erzeugen. Die Entstehung von 2, 4, 8 usw. ging dadurch vor sich, daß alle Einheiten der jeweils vorliegenden Zahl (beginnend mit 1) in je zwei neue Einheiten gespalten wurden. Erweitert man diese Erzeugungsvorschrift dahin, daß nicht alle Monaden der Ausgangszahl, sondern unter Umständen nur einige oder eine gespalten und die übrigen unberührt gelassen werden, so können ohne weitere Hilfsmittel alle Zahlen erzeugt werden. Denn, da die gespaltene Einheit ja eben durch die Spaltung „aufgehoben" wird, also als aktuelle Einheit verschwindet, so kommt die Operation der Spaltung einer Einheit einer vorliegenden Zahl auf die Hinzufügung gerade einer Einheit zu ihr hinaus ($n - 1 + 2 = n + 1$). Man kann also, von 1 ausgehend, so alle Zahlen erzeugen. Ja, man wird unmittelbar die sonst so rätselhafte Bemerkung des Aristoteles (Met. M 7, 1082b 35f.) verstehen, es sei müßig, darüber zu streiten, ob wir „durch Teilung" (κατὰ μερίδας) oder „hinzufügend" (προσλαμβάνοντες) zählten, tatsächlich täten wir beides (ποιοῦμεν δὲ ἀμφοτέρως).

Die ideale Drei (αὐτὴ ἡ τριάς) wird demgemäß das folgende Schema haben, dem gleich eine entsprechende Begriffsspaltung gegenübergestellt sei:

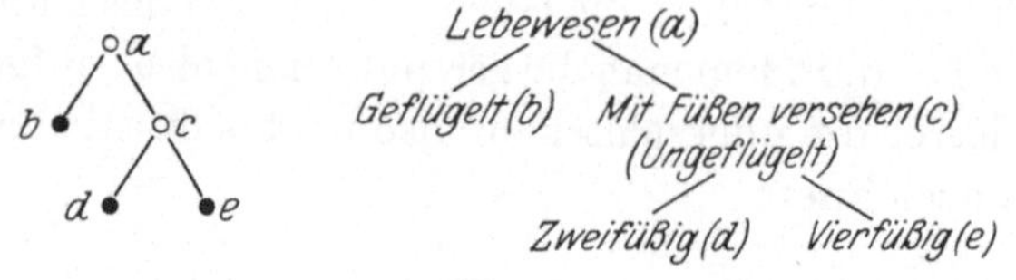

Fig. 3

Damit ist also das schwierigste Problem bei der Genesis der Idealzahlen, die rein diairetische Erzeugung der Drei und der ungeraden Zahlen überhaupt in überraschend einfacher Weise gelöst[7]).

Es ergeben sich, wie man leicht sieht, für alle Zahlen solche Schemata, von der Vier ab nicht mehr eindeutig, je ein Schema, sondern verschie-

[7]) Über dieses Problem vgl. L. Robin, La théorie platonicienne des idées et des nombres d'après Aristote (Paris 1908). S. 281ff., 446ff. — Man kann (mit W. D. Ross in seiner Ausgabe der aristot. Metaphysik, Bd. I, S. LXII) unsere Auffassung bei Alexander v. Aphrodisias (ad Ar. Met. A 6, 987b 33 ssq. — p. 57, 22—28 Hayd.; 43, 13—19 Bz.) wiederfinden. Ross sagt: „Alexander gives a different account of the odd unit in odd numbers — that it is one of the portions of the indefinite dyad, after the One has determined it; but this does not agree with Aristotles statements."(?)

dene für dieselbe Zahl („Isormeren", wie man in der Chemie sagt). So schon für die Vier:

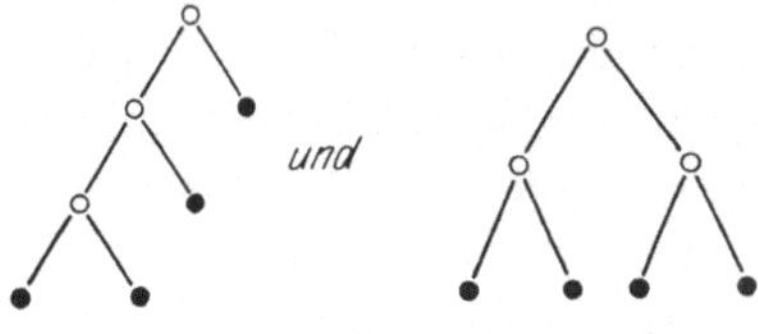

Fig. 4

Das ist nicht verwunderlich oder störend, denn es gibt offenbar auch entsprechende Begriffsdiairesen. Für die erste Form nehme man etwa ein geeignetes Stück aus der diairetischen Definition der Kunst des Politikers (Politic. 261 Aff., vgl. Stenzel, ZG 11), für die zweite die Teilung des Alls des Seienden in das Denkbare (*νοητόν*) und das Sichtbare (*ὁρατόν*) mit dichotomer Unterteilung beider Teile (Staat, VI. Buch, 509 Dff.).

Eine eigentliche diairetische Definition durch sukzessive Unterteilung einer bestimmten, sich jeweils durch die Dichotomie ergebenden Hälfte bis zum unzerschneidbaren (*ἄτομον, ἄτμητον*) Eidos ist allerdings immer durch ein Schema des ersten Typus, das man sich ja beliebig verlängert denken kann, gegeben. Aber schon diejenigen diairetischen Betrachtungen, durch die verschiedene Begriffe in ihrem gegenseitigen Verhältnis festgelegt werden, wie sie in halb scherzhafter Weise von Plato an den Beispielen „Angelfischer" und „Sophist", „Mensch" und „Schwein" durchgeführt werden, erfordern verwickeltere Verzweigungen gemäß dem zweiten Typus[8]).

Die Idealzahlen sind also damit gekennzeichnet als „diairetische Geflechte", deren Knoten die „Monaden" sind, die aus ihnen, den Zahlen, geflochten werden. Es sind die Schemata, nach denen Diairesis und Symplokē, Zerlegung und Verflechtung der Ideen erfolgen. So erklärt sich auch die befremdende Ausdrucksweise, die Aristoteles gelegentlich anwendet, wenn er sagt: unter gewissen Voraussetzungen seien die Monaden früher als die Zahlen, aus denen sie (die Monaden) „geflochten"

[8]) Im „Sophistes" und „Politicus" spielt die Reihenfolge der Glieder der Diairesis keine wesentliche Rolle; das zeigt die Änderung der Reihenfolge bei der Zusammenfassung (Soph. 221 B) gegenüber der vorausgehenden ausführlichen Entwicklung (219 A—221 A). An sich ist nicht gesagt, daß das so sein muß: man könnte z. B. positive und negative (besser privative) Glieder (*ὄντα* und *μὴ ὄντα*) unterscheiden. (Vgl. Aristoteles, de part. animal. I, 3 (642 b, 21): *ἔτι στερέσει μὲν ἀναγκαῖον διαιρεῖν καὶ διαιροῦσιν οἱ διχοτομοῦντες*). Aber Platos Kritik der Einteilung der Menschen in Hellenen und Barbaren (Pol. 262 D) zeigt, daß beide Glieder der Einteilung ebenbürtig sein sollen.

werden (ὥστε πρότεραι ἂν εἶεν αἱ μονάδες ἢ οἱ ἀριθμοὶ ἐξ ὧν πλέκονται[9]), Met. M 7, 1081 a, 33).

Die idealen Zahlen sind „allgemeiner" als ein bestimmtes vorgelegtes diairetisches Geflecht, die ideale Drei (αὐτὴ ἡ τριάς) ist allgemeiner als die oben neben sie gestellte Begriffszerlegung; ganz andere Begriffe könnten nach demselben „triadischen Schema" zerlegt werden. Daher ist die Zuordnung einer Idealzahl zu einem bestimmten Begriff (etwa „Mensch") nicht als eineindeutige zu verstehen. Ein Begriff kann zunächst einer Idealzahl nur indirekt zugeordnet werden, vermittels seiner diairetischen Definition, aus der er als ἄτομον εἶδος („Ideenatom") resultiert. (Diese ist daher in gewissem Sinne eine Zahl — vgl. Aristot., Met. H 3, 1043b, 34: ὅ τε γὰρ ὁρισμὸς ἀριθμός τις.) Nun kann aber z. B. „Mensch" verschieden definiert werden: etwa als „zweibeiniges Lebewesen" (ζῷον δίπουν) oder auch als „zweibeiniges ungeflügeltes Lebewesen" (ζῷον δίπουν ἄπτερον). Im ersten Fall entspricht seiner Diairesis das Schema der Dyas, im zweiten das der Trias. In der Tat erscheint auch bei Aristoteles[10]) der „Mensch an sich', einmal als ideale Zwei und einmal als ideale Drei. Auch umgekehrt finden sich natürlich Fälle der Zuordnung verschiedener Begriffe zur selben Idealzahl[11]). Alle solche Zuordnungen werden in den Texten stets nur beispielsweise vollzogen; es heißt: „Wenn der Mensch die Drei ist . . ." usw.

Was die Anzahl der Monaden in einer bestimmten Idealzahl anlangt, so ergibt sich diese leicht aus der Überlegung, daß die Erzeugung der Idealzahlen mit der idealen Eins beginnt und mit jedem Schritt (der ja aus einer Dichotomie besteht — oder eventuell mehreren nebeneinander) zwei Monaden überhaupt, aber nur eine „aktuelle" Monade hinzufügt (da ja die zerspaltene in der Spaltung „sich aufhebt"). Der Reihe nach enthalten also die Idealzahlen 1, 3, 5, 7 . . . $2n-1$ Monaden überhaupt und 1, 2, 3, 4 . . . n „aktuelle" Monaden. Insbesondere enthält die Dyas 3, die Trias 5, die Tetras 7 Monaden überhaupt. Dies erklärt ohne weiteres die schwierige, bisher ganz unverständliche Aristotelesstelle Met. M 7, 1081 a, 33—35: „in der Dyade wird eine dritte Einheit sein und in der Triade eine vierte und die fünfte." (ἐν τῇ

---

[9]) So A^b und γρ E, Christ und Jaeger; dagegen λέγονται E, Bonitz und W. D. Ross. Indessen ist πλέκονται ganz offenbar die *difficilior lectio* und auch die Auskunft, ὧν auf μονάδες zu beziehen, ist unmöglich.

[10]) Met. M 8, 1084 a 14, 18: εἰ ἔστιν ἡ τριὰς αὐτοάνθρωπος; a 25: εἰ δυὰς ἄνθρωπος. Vgl. die vielen, stark wechselnden Zuordnungen bei Ps.-Alexander zu Met. M 6—9 passim.

[11]) Met. M 8, 1084 a 24: εἰ δὴ ἡ τετρὰς αὐτὴ ἰδέα τινός ἐστιν, οἷον ἵππου ἢ λευκοῦ. („wenn die Tetrade Idee von etwas ist, wie etwa des Pferdes oder des Weißen...")

δυάδι τρίτη μονὰς ἔσται . . . καὶ ἐν τῇ τριάδι τετάρτη καὶ ἡ πέμπτη), ebenso wie die dazugehörige Interpretation Pseudo-Alexanders[12]).

Die Zahl der Monaden in einer bestimmten Idealzahl ist unabhängig von der besonderen Struktur ihres Geflechts, die ja von 4 ab nicht mehr eindeutig festliegt.

Fragt man nun zum Schluß, welche ontologischen Probleme sich aus der angenommenen Struktur der Idealzahlen ergeben, so tritt sofort eines als überragend heraus. Im Gegensatz zur Erzeugung der gewöhnlichen „mathematischen“ Zahlen durch sukzessive Addition je einer neuen Einheit (deren „Herkunft“ im Dunkeln bleibt) entstehen die Idealzahlen durch sukzessive (oder evtl. auch teilweise simultane) Dichotomie schon vorhandener Monaden. Die zerspaltenen Monaden gehen dadurch gewissermaßen in einen Zustand der „Aufgehobenheit“ über. Dieser sich hier geradezu aufdrängende Hegelsche Terminus „aufheben“ — in dem bekannten Doppelsinn von „bewahren“ und „vernichten“ — weist darauf hin, daß es sich bei der „Entstehung“ der Idealzahlen um eine eigentliche Genesis handelt. Diese eigentümliche Bewegtheit impliziert eine echte Zeitlichkeit, die sich in Hegels dialektischem Prozeß darstellt. In der antiken Philosophie wird sie begrifflich bewältigt durch das aristotelische Begriffspaar Dynamis-Energeia[13]); nachdem schon Plato mit dem Aufweis des Phänomens des *ἐξαίφνης* (des „Plötzlich“) einen ersten Vorstoß gemacht hatte[14]). Indessen blieb bei ihm der Bewegungsbegriff noch vage, insbesondere auch dic *κίνησις τῶν ἰδεῶν*, durch die die dairetische Methode beherrscht wird.

---

[12]) Die Stellen werden weiter unten (S. 494ff.) ausführlich besprochen werden.

[13]) Man vgl. die Darstellung der aristotelischen Philosophie in Hegels „Vorlesungen über die Geschichte der Philosophie“.

[14]) Das Problem der Vorgeschichte des aristotelischen Dynamisbegriffs ist noch nicht gelöst. Hingewiesen sei auf eine merkwürdige Wurzel der aristot. Dynamis in der hippokratischen Medizin. O. Regenbogen berichtet in seinem Aufsatz (in dieser Ztschr., Bd. I, S. 131ff.) „Eine Forschungsmethode der antiken Naturwissenschaft“, der den Begriff der „Analogia“ behandelt, über einen botanischen Exkurs in der hippokratischen (embryologischen) Schrift „*περὶ φύσιος παιδίου*“ (a. a. O. S. 166ff.). Darin heißt es, die Pflanze ziehe ihre Nahrung aus der Erde in der Form der *ἰκμάς*, eines feuchten Dunstes. Diese *ἰκμάς* heißt auch *δύναμις*. Dynamis ist also hier der kraftgeladene Stoff, die wirksame Substanz, die in allen primitiven Vorstellungen von Verursachung eine so große Rolle spielt (Zaubertrank, Gift usw.; im Grunde eine Spielart des *māna*-Begriffs, vgl. z. B. E. Cassirer, Philosophie der symbolischen Formen, Bd. II, Das mythische Denken, Berlin 1925). Im Boden sind *μύριαι δυναμιές*, Tausende spezifischer Stoffe, die den spezifischen Pflanzen als Nahrung dienen. Da heißt es nun (*π. φ. π.*, p. 544, 25) von dem Rosenstrauch (*τὸ ῥόδον*): *τό τε γὰρ ῥόδον ἕλκει ἀπὸ τῆς γῆς ἰκμάδα τοιαύτην, οἷόνπερ καὶ αὐτὸ δυνάμει ἐστίν*. („Die Rose zieht aus der Erde einen solchen Saft, wie sie selbst auch der Dynamis nach ist“.) Hier bedeutet Dynamis gewiß zunächst eben „wirksamer Stoff“. Aber der Ausdruck „*δυνάμει ἐστίν*“ ist doch schon wörtlich der

Die Auseinandersetzungen der Bücher Z und H der aristotelischen Metaphysik zeigen nun, daß auch das Definitionsproblem, insbesondere die Fragen der „Einheit“ und der „Teile“ der diairetischen Definition (Z, cap. 10—12; H, cap. 3 u. 6), ferner das Problem, ob das Allgemeine (*τὸ καθόλου*) und die Gattung (*τὸ γένος*) selbständige Wesenheiten (*οὐσίαι*) sind, gerade mittels der Unterscheidung von Potenz und Aktus gelöst werden. Dies ist von entscheidender Wichtigkeit für das Verständnis der aristotelischen Polemik gegen die Idealzahlen. Wenn nämlich diese in ihrem „Geflecht“ von Monaden unmittelbar das Schema einer diairetischen Ideenkette sind, werden die Probleme der „Einheit“ und der „Teile“ bei den Zahlen und (diairetischen) Definitionen sich decken.

Das bestätigen nun in der Tat die Texte: Nicht nur wird die Definition direkt als „eine Art Zahl“ bezeichnet (H 3, 1043b, 34), sondern auch das Problem der Einheit der Definition wird (H 6, 1045a, 7ff.) gleichzeitig mit dem für die Zahl gestellt und — scheinbar nur für die Definition im folgenden beantwortet. In Wahrheit ist eben für Aristoteles mit der Lösung für die Definition die für die (ideale) Zahl schon ohne weiteres mitgegeben. Das heißt aber, daß die Idealzahl im wesentlichen nichts anderes ist als die diairetische Definition.

Die Lösung selbst besteht in der konsequenten Anwendung der Begriffe Stoff und Form (Potentialität und Aktualität) auf das Verhältnis von Genus und Differenz: das *γένος* ist die *πρώτη ὕλη*, der, von der aktuellen Differenz aus gerechnet, „erste Stoff“; das Hinabsteigen in der Ideenkette vom Allgemeinen zum Besondern ist also eine ständige Bewegung vom Stoff zur Form, von der Potenz zum Aktus. Dieser Bewegung entspricht nun genau die Entwicklung der Idealzahl durch Entstehen immer neuer Einheiten aus den zerfallenden alten: die Zweiteilung einer Monade ist nach platonischer Lehre nichts anderes als die Spaltung eines Genus in zwei Differenzen.

Der Kampf des Aristoteles gegen diese Theorie hat sein letztes Motiv in der ontologischen Unbestimmtheit dieses Spaltungsvorgangs. Er selbst expliziert diese „Kinesis“ der Ideen als den Übergang vom Stoff zur

---

aristotelische. Auch bei Aristoteles liegt ja die Dynamis in der Hylē und die spezifische *ἰκμάς* (Saft) der Rose ist eben schon bei Hippokrates nichts anderes als die Rose selbst in der Potenz.

Für das Begriffspaar Hylē-Morphē (Eidos), das der Zweiheit „Dynamis-Energeia“ (Entelecheia) entspricht, ist auch der Anfang der Abhandlung „Über die Weltseele“ (*περὶ ψυχᾶς κόσμω*) des Timaeus Locrus (im Corpus Platonicum) zu vergleichen, die der frühen Akademie entstammt. Dort findet sich schon der Vergleich der Form mit dem Männlichen und des Stoffes mit dem Weiblichen, was im Gegensatz zur eigentlich platonischen Auffassung des Form-Stoff-Verhältnisses steht (vgl. Aristoteles, Met. A 6, 988a 2—7).

Form (von der Potenz zum Aktus). Eine solche Explikation vermißt er bei Plato; er wirft ihm vor, seine Monaden seien alle aktuell, nämlich als Eidē oder *οὐσίαι* expliziert, infolgedessen sei die Symplokē im „diairetischen“ Ideengeflecht ein aktuelles „Darinliegen“ (*ἐνυπάρχειν*) der Wesenheiten (*οὐσίαι*, *εἴδη*, *μονάδες*) in der resultierenden Wesenheit, die in der diairetischen Definition definiert wird und daher mit der Definition selbst als „Zahl“ sich darstellt (Met. Z 13, 1039a, 3—8 (*οὐσία*), zu vergleichen mit a, 11—14 (*μονάς* bzw. *ἀριθμός*).

Die ganze aufschlußreiche Parallele von Definition und Zahl tritt nur dann klar heraus, wenn das, was in der Idealzahl und der Ideenkette verglichen wird, die einzelne Monade in der Zahl und die einzelne Idee in der Kette ist. Der Idealzahl als ganzer entspricht die ganze Definition und damit freilich auch das Definierte als Ganzes — d. h. das *ἄτομον εἶδος* (Ideenatom), das nach Plato vermöge der Symplokē alle höheren Eidē der Kette in sich begreift (an seine Stelle tritt bei Aristoteles teils das *τόδε τι* („Dies-da“), teils das *τὸ τί ἦν εἶναι* („Wesenswas“).

Die Bestätigung an Hand der Texte wird noch gegeben werden, vorläufig sei auf den häufigen aristotelischen Terminus für Idealzahl: „*ὁ τῶν εἰδῶν ἀριθμός*“ („die Zahl der Ideen“) hingewiesen, der den Singular von Arithmos mit dem Plural von Eidos in so eigentümlicher Weise verbindet.

Aus der geschilderten Gesamtproblematik ergibt sich ungesucht das fast ständige Thema der großen aristotelischen Idealzahlkritik (Met. M, cap. 6—9). Der ganze Fragenkomplex der „zusammenwerfbaren“ und „unzusammenwerfbaren“ Einheiten (*μονάδες συμβληταί* bzw. *ἀσύμβλητοι*) und sekundär auch Zahlen, der zunächst so befremdend wirkt, wird jetzt verständlich. Alles dreht sich bei Aristoteles um die ontologische Bestimmung der Bewegtheit der Zahlenerzeugung und den Charakter der sukzessiv erzeugten Zahlenteile. Nicht der Gegensatz zwischen der schlichten Eindimensionalität der „mathematischen“ Zahlenreihe und der verzweigten Struktur des diairetischen Idealzahlgeflechts[15]), sondern das Verhältnis des Teils einer Idealzahl zu einem ihm gewissermaßen kongruenten Teil einer anderen Idealzahl ist für Aristoteles das entscheidende Problem. Ist die „erste Dyade“ (*ἡ πρώτη δυάς*) in der idealen Vier (*ἐν αὐτῇ τῇ τετράδι*) identisch mit der idealen Zwei (*αὐτὴ ἡ δυάς*)? Dies Problem erscheint, isoliert genommen, ziemlich abstrus, es gewinnt aber einen guten Sinn, wenn man sich erinnert, daß in dem „ersten Teil“ einer Idealzahl das Allgemeine und das Genus (die höheren Eidē der Kette) stecken, im „folgenden“ aber die Differenzen. In der

---

[15]) Sachlich genommen bilden die Idealzahlen eigentlich doch auch eine im wesentlichen lineare Reihe, soweit diese Linearität nicht durch die verschiedenen, gewissermaßen „isomeren“ Formen der Tetras, Pentas usw. gestört wird.

Relation des „Früheren und Späteren“ (τὸ πρότερον καὶ τὸ ὕστερον) der Idealzahl steckt also für Aristoteles das Problem der Kluft zwischen Genus und „Dies-da“, Genus und „Wesenswas“ (τὸ τί ἦν εἶναι), d. h. letztlich zwischen Dyamis und Energeia. So sind etwa die Einheiten der idealen Zwei aktuell (und das „erste Eine“ (τὸ πρῶτον ἕν) in ihr entspricht etwa dem „Wesenswas“), die Monaden der „ersten Dyade“ in der idealen Tetras dagegen stellen höhere Eidē (bzw. Genē) dar und sind deshalb potentiell. Sind nun aktuelle und potentielle Monaden „zusammenwerfbar“?

Das abstruse Problem der μονάδες ἀσύμβλητοι ist also keineswegs ein beliebiges, es ist nichts anderes als das Fundamentalproblem des platonisch-aristotelischen Gegensatzes selbst.

3.

Bevor die Texte im einzelnen herangezogen werden zur Bestätigung der vorgebrachten Interpretation, sollen noch kurz die Beziehungen der Idealzahlen zur Mathematik der platonischen Zeit zur Sprache kommen.

Die graphische Darstellung, deren wir uns bedient haben, war unsere eigene Zutat, sie ist nicht so überliefert. Dagegen hat Plato selbst, an einer sehr bekannten Stelle des „Staates“ (VI, p. 509 E) eine andere Art von graphisch-geometrischer Darstellung eines diairetischen Verhältnisses gegeben: wie wenn eine in zwei ungleiche Abschnitte a, b geteilte Strecke nach dem Verhältnis a : b wieder in ihren beiden Abschnitten untergeteilt wird, so wird das All des Seienden in das „Denkbare“ und „Sichtbare“ eingeteilt und jeder dieser Abschnitte wiederum in zwei entsprechende Unterabschnitte gespalten (*ὥσπερ τοίνυν γραμμὴν δίχα τετμημένην, λαβὼν ἄνισα τμήματα, πάλιν τέμνε ἑκάτερον τὸ τμῆμα ἀνὰ τὸν αὐτὸν λόγον, τό τε τοῦ ὁρωμένου γένους καὶ τὸ τοῦ νοουμένου . . .*).

Was hier allein beachtet werden soll, ist das graphische Darstellungsverfahren der Diairesis (Einteilung der Begriffe (εἴδη)). Sie wird symbolisiert durch Teilung einer Strecke. Das hat vor dem von uns früher benutzten Stammbaumschema den Vorzug, daß die relative Quantität der Teile, d. h. ihr gegenseitiges Verhältnis durch das Verhältnis der Längen der Teilstrecken unmittelbar dargestellt werden kann[15a]). Nun macht in der Tat Plato nicht nur an der angeführten Stelle von dieser Möglichkeit Gebrauch, in der die Proportion (ἀναλογία) aufgestellt wird:

Sichtbar: Denkbar = Hypothetisch: Anhypotheton = Abbild: Original.

Auch im „Sophistes“ und besonders im „Politicus“ finden sich mehrfach Hinweise auf das quantitative Verhältnis der Teile einer diairetische

[15a]) Vgl. hierzu und zum folgenden: O. Toeplitz, „Das Verhältnis von Mathematik und Ideenlehre bei Plato“, diese Zeitschr., Bd. I, S. 3ff., insbes. S. 16—18.

Einteilung. (Polit. 258 BC, 261 ACE, 262 B—E: „μὴ σμικρὸν μόριον ἓν πρὸς μεγάλα καὶ πολλὰ ἀφαιρῶμεν“ [„wir wollen keinen kleinen Teil im Verhältnis zu [πρός] großen und vielen Dingen abschneiden...“] — „λεπτουργεῖν οὐκ ἀσφαλές, διὰ μέσων δὲ ἀσφαλέστερον ἰέναι τέμνοντες...“ [fein zu arbeiten — d. h. mit raffiniert abgeschätzten Teilverhältnissen — ist nicht sicher; durch die Mitte gehen beim Zerschneiden — d. h. im Verhältnis 1 : 1 teilen — ist sicherer].) Am sichersten ist die fortgesetzte gewissermaßen mechanische Dichotomie im Verhältnis 1 : 1; das schließt nicht aus, daß man durch geschickte Teilung in anderen Verhältnissen schneller zum Ziel gelangt (vgl. Pol. 256 A—267 C: längerer und kürzerer Weg zur Bestimmung des Staatsmanns). Auch der allgemeine, von Stenzel (Studien, S. 59, 63, ZG, S. 21) eingehend gewürdigte Gedanke der Zerschneidung nach dem natürlichen Wuchs (διατέμνειν κατ' ἄρθρα ᾗ πέφυκεν, Phaedr. 265 C) beim Opfertier (κατὰ μέλη ... οἷον ἱερεῖον διαιρώμεθα, Pol. 287 C), — aber auch schon in der Küche, wo der schlechte Koch die Knochen zerbricht (καταγνύναι μέρος μηδὲν κακοῦ μαγείρου τρόπῳ, Phaedr. 265 C), gehört offenbar hierher.

Ferner hat die platonische Darstellungsart den Vorzug, daß sie überaus anschaulich die „Jagd" nach dem zu definierenden Begriff bei der diairetischen Definitionsmethode wiedergibt. Stellt man sich etwa die diairetische „Jagd" nach dem Sophisten, die in dem gleichnamigen Dialog so lebendig bis zur endlichen Erlegung des „Wildes“ geschildert wird, durch sukzessive Streckenhalbierung graphisch dar, so sieht man unmittelbar, wie das gejagte „Wild“ immer enger eingeschlossen und aus einem Schlupfwinkel nach dem anderen vertrieben wird (vgl. Stenzel, Speusippos, Sp. 1660, 35 ff., 64 ff.). Nimmt man die (zum mindesten früh- und mittel-) platonische Auffassung hinzu, daß das Element der Linie kein ausdehnungsloser Punkt (στιγμή), sondern ein Linienatom (ἄτομος γραμμή) ist, so scheint es fast, als ob bei der diairetischen Definition das schließlich erreichte Ideenatom (ἄτομον εἶδος) durch ein Linienatom unmittelbar repräsentiert wird. Freilich ist gerade diese Vorstellung mathematisch nicht zu halten, und es ist schwer denkbar, daß Plato an ihr noch festgehalten habe, nachdem — erst spät in seinem Leben (Gesetze VII, 819 D) — das Phänomen des irrationalen Verhältnisses intensiv in seinen Gesichtskreis trat.

Aber das bleibt jedenfalls bestehen, daß die drei Probleme der Diairesis der Begriffe (Ideen), der Zahlen und des Räumlichen (nach Stenzels Bezeichnung ZG passim) durch die platonische graphische Darstellung — unter der Voraussetzung der von uns gegebenen Interpretation der Idealzahlen — so eng aneinanderrücken, daß sie im wesentlichen nur noch verschiedene Ausdrücke einer identischen Sachlage darstellen. Die vereinheitlichende Kraft des Diairesisgedankens in der beherrschenden

Durchdringung dreier zunächst anscheinend ganz verschiedener Gebiete tritt überzeugend heraus.

Nimmt man beispielsweise eine normale diairetische Definition, die durch sukzessive Halbierung fortschreitet, derart, daß immer wieder eine der zuletzt erhaltenen Hälften wiederum halbiert wird (vgl. unser obiges Beispiel S. 468, aus ZG 11), so ergibt die graphische Darstellung des Diairesis-Schemas, also die graphisch dargestellte Idealzahl, eine sowohl aus Euklid wie auch aus Platos Vorlesung „Über das Gute" (*περὶ τἀγαθοῦ*) bekannte Figur; nämlich die Figur zu Euklid, Elem. X, 1 (wenn man von einer Strecke mehr als die Hälfte wegnimmt, vom Rest wieder mehr als die Hälfte usf. ins Unbegrenzte, so unterschreitet man schließlich jede beliebig (klein) vorgegebene Strecke[16]) — und zugleich die Figur der Stelle aus dem Philebuskommentar des Porphyrius (überliefert bei Simplicius, in Arist. phys. ausc. p. 247, 453 Diels, vgl. ZG 63f.), die die „Teilung der Elle" behandelt.

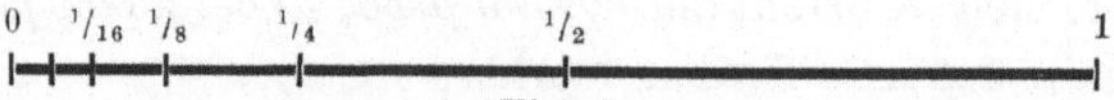

$0 \quad ^1/_{16} \quad ^1/_8 \quad ^1/_4 \quad ^1/_2 \quad 1$

Fig. 5

Man kann durch eine naheliegende Verallgemeinerung dieser Einteilung das allgemeine Verfahren der Aufsuchung eines Punktes auf einer dual untergeteilten Skala ableiten. (Messen mit einem dual untergeteilten Maßstab, ganz analog unseren dezimal geteilten Maßstäben.) Ins Begriffliche übersetzt ergäbe sich die „Jagd" auf einen durch Diairesis zu bestimmenden Begriff, wie oben geschildert. Man kann vielleicht sogar diese Verallgemeinerung aus dem Text unserer Stelle herauslesen[17]);

[16]) Dieser Satz findet Elem. XII, 2 seine Anwendung auf die „Exhaustion" der Kreisfläche, die man durch folgende, diairetisch zu interpretierende Figur (schematisch) darstellen kann:

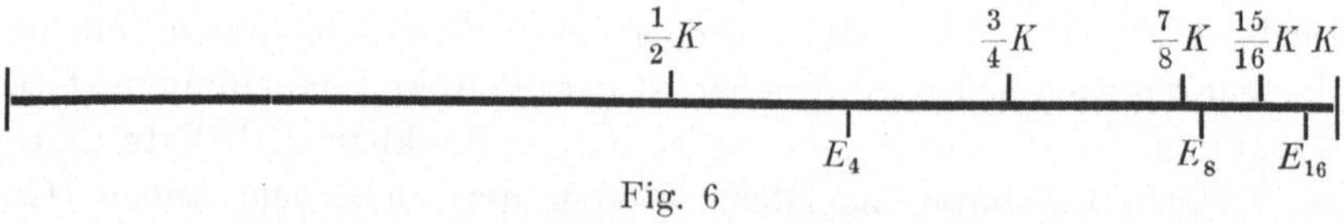

$\frac{1}{2}K \quad \frac{3}{4}K \quad \frac{7}{8}K \quad \frac{15}{16}K \quad K$

$E_4 \quad E_8 \quad E_{16}$

Fig. 6

K bedeutet die Kreisfläche, $^1/_2 K$, $^3/_4 K$, ... ihre entsprechenden Bruchteile, E_4, E_8, E_{16} ... die Flächen des dem Kreise eingeschriebenen Quadrats, regelm. Achtecks, Sechzehnecks usw. Die Strecken E_4K, E_8K, $E_{16}K$ ... in der Figur bedeuten die Flächendifferenzen zwischen den regulären Polygonen und dem Kreise, die, wie man sieht, an der oberen „dualen" Skala gemessen, nach Elem. X, 1 schließlich unter jede Grenze sinken.

Als eine Anwendung der diairetischen Methode kann man auch das „Sieb des Eratosthenes" zur Aussiebung der Primzahlen durch sukzessive Ausscheidung der Zahlen der Formen $2n$, $3n$, $5n$, $7n$, $11n$ ... auffassen.

[17]) Der Text lautet: *„τὸ μὲν ἕτερον ἡμίπηχυ ἄτμητον ἐάσαιμεν, τὸ δὲ ἕτερον ἡμίπηχυ τέμνοντες κατὰ βραχὺ προστίθοιμεν τῷ ἀτμήτῳ, δύο ἂν γένοιτο τῷ πήχει μέρη,*

man kann aber auch annehmen, daß Plato in seiner Vorlesung den trivialen Fall nur als Einführung für kompliziertere Betrachtungen verwendet hat und daß das uns bei Simplicius erhaltene Stück aus der ursprünglichen Nachschrift nur den allgemein verständlichen Trivialfall wiedergibt.

Mathematisch käme die Sache hinaus auf die Entwicklung eines graphisch gegebenen „Logos" in einen systematischen Dualbruch.

Es fragt sich: Ist Derartiges zu Platos Zeit möglich und sind irgendwelche Wirkungen eines solchen Verfahrens in der zeitgenössischen Mathematik nachzuweisen?

Die Möglichkeit einer dyadischen Entwicklung zu Platos Zeit läßt sich sehr leicht beweisen: einfach dadurch, daß man auf die altägyptische Technik des elementaren Multiplizierens und Dividierens und der Bruchrechnung hinweist. Dort wird ja in ausgiebigster Weise von der dyadischen Entwicklung des Multiplikators (Vervielfachung nicht mittels des auswendig gelernten „Einmaleins", sondern durch iteriertes Verdoppeln und geeignetes Zusammenfassen), dyadischen Approximation des Dividenden und Ergänzung des Restes durch dual entwickelte Bruchteile des Divisors usw. usw. Gebrauch gemacht[18]). Man muß annehmen, daß zum mindesten die elementare Technik der Division Plato wohl-

---

τό μὲν ἐπὶ τὸ ἔλαττον προϊόν, τὸ δὲ ἐπὶ τὸ μεῖζον ἀτελευτήτως." Die Frage ist, ob die Teile, die von der zerschnittenen Ellenhälfte der unzerschnittenen hinzugefügt werden, unmittelbar anschließen müssen oder nicht. Im zweiten Falle könnte man die Sache auch so verstehen:

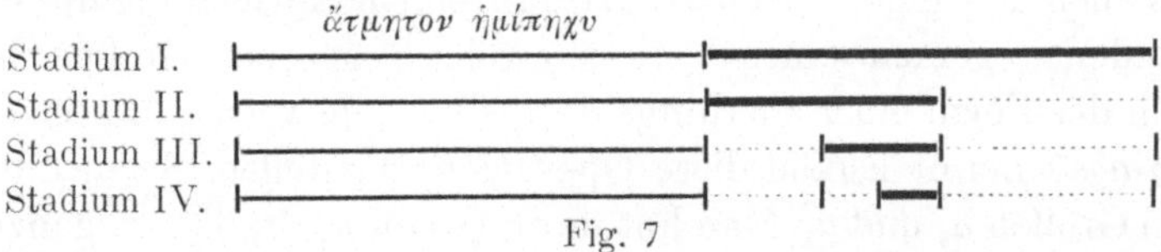

Fig. 7

Die ausgezogenen Teile der rechten Ellenhälfte machen zusammen mit der unzerschnittenen Ellenhälfte den „zum Kleineren fortschreitenden (ἐπὶ τὸ ἔλαττον προϊόν) Teil" aus, die punktierten Teilstrecken den „zum Größern (ἐπὶ τὸ μεῖζον) fortschreitenden Teil".

[18]) Vgl. O. Neugebauer, Die Grundlagen der ägyptischen Bruchrechnung, (Berlin 1926); Arithmetik und Rechentechnik der Ägypter (diese Zeitschr., Bd. I, S. 301ff.). — Aus dem letzteren Aufsatz stammt das folgende Beispiel (S. 327) „R 24":

Aufgabe:	Rechnung:	Ergebnis:
19:8	1 2 $\frac{1}{2}$ $\frac{1}{4}$ $\frac{1}{8}$	$2+\frac{1}{4}+\frac{1}{8}$
	8 16 4 2 1	

Auf das wesentlich kompliziertere Bruchrechnen kann hier nicht eingegangen werden. Aber auch da sind dyadische Entwicklungen grundlegend.

bekannt war; die frühgriechische „Logistik“ wird der ägyptischen ähnlich gewesen sein[19]). Der Gedanke der dualen Entwicklung eines Logos ist ihm also wohl zuzutrauen.

Aber dann erhebt sich die weitere Frage: Wie kommt es, daß die duale Entwicklung von Brüchen und überhaupt Verhältnissen in der überlieferten griechischen Mathematik nicht auftritt? Wenn Plato diesen Gedanken systematisch aufnahm, warum wurde er nicht wissenschaftliches Gemeingut? Die Antwort darauf kann natürlich nur mit einiger Wahrscheinlichkeit gegeben werden. Aber man geht wohl nicht fehl, wenn man annimmt, daß das ja auch Plato (in seiner Spätzeit) so stark beschäftigende Problem des Irrationalen die Verwendung des systematischen Bruchs in der griechischen Mathematik verhindert hat. Es gibt bekanntlich rationale Brüche, die nicht auf endliche Weise dual (dezimal, sexagesimal) entwickelt werden können, sondern unendliche (periodische) Dual- (Dezimal-, Sexagesimal-) Brüche ergeben. So schon $^1/_3$ im dualen (und dezimalen) System. Rationalität und endliche Entwickelbarkeit eines Logos fallen also nicht zusammen; die Entwicklung in einen systematischen Bruch kann also kein Kriterium für die Rationalität eines Verhältnisses darbieten. Noch mehr: die Darstellung eines so einfachen ganzzahligen Verhältnisses wie 1 : 3 als ein „Apeiron“ (eine unendliche Dualentwicklung) mußte alle griechischen Begriffe in Verwirrung bringen: sollte man den „Logos“ 1 : 3 dem „Peras“ oder dem „Apeiron“ zuweisen? — Der Weg der dualen Entwicklung war also ungangbar, dagegen führte die Kettenbruchentwicklung in der Form des sogenannten Euklidischen Teilerverfahrens (Elem. VII, 2) zum Ziele. Dieses auch heute noch benutzte Verfahren zur Aufsuchung des eventuell vorhandenen gemeinsamen Teilers zweier gegebener Größen läßt sich auch in der Form einer allerdings doppelten und verschränkten Diairesis (*ἀνθυφαιρεῖν* nennt Euklid diese Operation) darstellen. Seien die zu prüfenden Größen a_1 und a_2. Man hat dann (wenn $n_1, n_2, n_3 \ldots$ ganze Zahlen bedeuten):

$$
\begin{array}{ll}
1)\ a_1 = a_2 n_1 + a_3 & 2)\ a_2 = a_3 n_2 + a_4 \\
3)\ a_3 = a_4 n_3 + a_5 & 4)\ a_4 = a_5 n_4 + a_6 \\
5)\ a_5 = a_6 n_5 + a_7 & 6)\ a_6 = a_7 n_6 + a_8 \\
\ldots\ldots\ldots\ldots & \ldots\ldots\ldots\ldots
\end{array}
$$

[19]) Vgl. „Gesetze“, VII, 819C. Dort wird der arithmetische Elementarunterricht der ägyptischen Kinder den Griechen als Muster hingestellt und einzelne Verteilungs- und Kombinationsaufgaben werden ausdrücklich genannt, wie sie als angewandte Aufgaben dem alltäglichen Leben erwachsen. Es handelt sich bei der ersten Aufgabe bei Plato um eine sehr einfache „*'ḥ'*-“ (d. i. „Haufen-“) Rechnung, bei der dritten wohl um eine „*pśw*“- („Qualitäts-“) Rechnung. Diese Rechnungen nach ägyptischer Methode benutzen alle die dyadische Entwicklung von Zahlen und Stammbrüchen; vgl. Neugebauer a. a. O.

Wenn das Verfahren abbricht, haben a_1 und a_2 ein rationales Verhältnis, wenn es ins Unendliche fortschreitet, ein irrationales.

Betrachtet man die Kolumnen für sich, so sieht man, daß es sich um eine sukzessive Diairesis handelt (z. B. wird links der Reihe nach a_1, dessen Unterteil a_3, dessen Unterteil a_5 usw. zerlegt). Die Art der Teilung bestimmt sich rekursiv (durch Hineindividieren und Zerlegen in einen Abschnitt, in dem die Teilung „aufgeht", und einen Restabschnitt) und zwar durch Hin- und Hergehen zwischen beiden Kolumnen, wie die Ordnungszahlen (1), (2), (3), (4) . . . andeuten. Das Verfahren bricht dadurch ab, daß schließlich einmal eine Division glatt aufgeht, also etwa $a_{k+2} = 0$ wird. Dies ist aber nicht immer der Fall: das einfachste Gegenbeispiel ist die Teilung nach dem „goldenen Schnitt", wo sich dieselbe Divisionsaufgabe in immer verjüngtem Maßstab wiederholt. — Diese „Anthyphairesis" ist also das entscheidende Mittel zur Beherrschung des Irrationalenproblems (modern ausgedrückt: Endlichkeit der Kettenbruchentwicklung als Kriterium der Rationalität). Sie ist eine Weiterbildung der diairetischen Methode und mußte sachlich die duale diairetische Entwicklung überwinden.

Die Klassifikation der Irrationalitäten bei Euklid (Elem., Buch X) schließt sich hier unmittelbar an; sie ist sicher der letzte Reflex eines ontologischen Problems: die Stufen zwischen dem „Peras", dem vollkommen Rationalen, und dem „Apeiron", den „ungeordneten Irrationalen" (*ἄτακτοι ἄλογοι*), zu bestimmen, die Mittelglieder ihrer „Zahl" nach festzulegen (gemäß Phileb. 16 DE). Das Problem setzt sich bis zu Apollonius von Pergē (*περὶ ἀτάκτων ἀλόγων, de irrationalibus inordinatis*), ja bis zu Pappus fort, dessen Kommentar zu Euklid Elem. X[20]) uns sowohl die mathematische Entwicklung wie auch die Beziehung zur Philosophie einigermaßen überblicken läßt[21]).

Methodisch verwandt ist auch die Anregung, die Plato nach dem Bericht des Eudemus (im zweiten Buch der *Ἀστρολογικὴ Ἱστορία*, fr. 96 Sp. bei Simpl. in Arist. de coelo p. 488, 19 Heiberg) den Astro-

[20]) Nur in arabischer Übersetzung des Abu Othman erhalten, von F. Woepcke teilweise ins Französische („Essai d'une restitution des traveaux perdus d'Apollonius sur les quantités irrationelles d'après des indications tirées d'un manuscrit arabe." Mém. prés. à l'acad. d. sciences de l'inst. imp. de France, Sc. Mathémat. et. Phys., T. XIV, Paris 1856); von H. Suter vollständig ins Deutsche übertragen („Beiträge zur Geschichte der Mathematik bei den Griechen und Arabern", Abh. z. Gesch. d. Naturw. u. d. Med., hrsg. v. Osk. Schulz, Heft IV, Erlangen 1922). Die philosophischen Stellen bedürften einer weiteren Bearbeitung unter Berücksichtigung der neuplatonischen Terminologie bei Proclus (in Euclidem) und den ihm nahestehenden Euklidscholien. (Die neuste Bearbeitung von Junge-Thomson in der „Harvard Semitic Series", Vol. 8 (1930) war mir leider noch nicht zugänglich.)

[21]) Vgl. die Darstellung des Verf. a. a. O. S. 139 ff.

nomen seiner Zeit zur Erforschung der Planetenbahnen gab. Nämlich zu erforschen, „unter Zugrundelegung welcher gleichförmiger und geordneter Bewegungen die die Bewegungen der Irrsterne betreffenden Erscheinungen ‚gerettet‘ (d. h. richtig wiedergegeben) würden“ (*τίνων ὑποθεισῶν ὁμαλῶν καὶ τεταγμένων κινήσεων διασωθῇ τὰ περὶ τὰς κινήσεις τῶν πλανωμένων φαινόμενα*). Es werden denn auch beide Aufgaben, die Theorie der Irrationalität und die der Planeten, in den „Gesetzen“ VII, 818E (neben der Arithmetik) zusammen erwähnt und dann 819D bis 822A näher gekennzeichnet. — Zur Terminologie ist zu bemerken: Die *τεταγμέναι κινήσεις* sind das genaue Widerspiel der *ἄτακτοι ἄλογοι* des Apollonius, der sich ja die Aufgabe stellte, diese *ἄτακτοι ἄλογοι* zu *τακταὶ* (*εὐθεῖαι*) zu machen. Auch das Gegenspiel des Terminus *ὁμαλός* findet sich in dem uns bekannten philosophischen Zusammenhang und zwar bei Eudemus selbst (fr. 27 Sp., Simpl. in Arist. phys. ausc. p. 431, 8—10 Diels): „*Πλάτων δὲ τὸ μέγα καὶ τὸ μικρὸν καὶ τὸ μὴ ὂν καὶ τὸ ἀνώμαλον καὶ ὅσα τούτοις ἐπὶ ταὐτὸ φέρει τὴν κίνησιν λέγει.*“ („Plato nennt das ‚Große und Kleine‘ und das Nichtseiende und das Ungleichförmige und was immer mit diesen auf dasselbe hinauskommt die Bewegung“.)[22]) Daran ist wichtig vor allem die sachliche Identifizierung des mit den Ausdrücken „groß und klein“, „nicht seiend“ und „ungleichförmig“ Gemeinten. (Eine Zeile später wird auch noch *ἀνίσον* als gleichbedeutend eingeführt, später (Z. 16) auch *ἀόριστον*.) *τὸ ἀνώμαλον* bezeichnet also das vieldeutige „zweite“ platonische Prinzip, das dem Einen, Guten, Eidos, Peras usw. entgegengesetzt ist. Die astronomische Aufgabe liegt also ganz parallel den übrigen platonischen Problemen der „Begrenzung des Unbegrenzten“.

Außer diesen besonderen, wenn auch umfassenden Aufgaben, die in der Akademie ihren Ursprung gehabt haben, ist noch die allerdings nicht eindeutige Überlieferung zu erwähnen (Proclus, in Euclidem, p. 103, 21 bis 104, 25 Friedl.; Plutarch, vita Marcelli 14, quaest. convival. VIII, 2, 1, p. 718E), die Plato die Beschränkung der elementaren geometrischen Konstruktionen auf das Schlagen von Kreisen und das Ziehen von Geraden zuschreibt. Bedenkt man, daß (nach Proclus, in Euclidem p. 179, 24 bis 180, 3; p. 97, 7. 9—17; p. 185, 10—12 Friedl.) Gerade und Kreis

---

[22]) Daß hier das *ἀνώμαλον* mit der *κίνησις* identifiziert wird, darf man nicht als Widerspruch zu der astronomischen Forderung der *ὁμαλὴ κίνησις* verstehen. Die gleichförmige Kreisbewegung ist ja die der Ruhe am nächsten kommende („ewige“) Bewegung (die ausführlichsten Analysen darüber bei Aristoteles, Physik *Θ* und Metaph. *Λ*); ihre Geschwindigkeit und die Krümmung ihrer Bahn „schwankt“ nicht! Man vergleiche auch Proclus, in Euclidem, ad def. XV (p. 146, 24—150, 12) über die Eigenart des Kreises. (146, 24: *τὸ πρώτιστον καὶ ἁπλούστατον τῶν σχημάτων καὶ τελειότατον* ... 147, 3: *καί ἐστιν ἀνάλογον τῷ πέρατι καὶ τῇ μονάδι καὶ ὅλως τῇ ἀμείνον συστοιχίᾳ* usw.)

durch das „gleichförmige Fließen" (ὁμαλὴ ῥύσις) des Punktes bzw. die „gleichförmige Bewegung" (ὁμαλὴ κίνησις) des Endpunktes des Radius zustandekommen und daß die in der Vorstellung der ῥύσις liegende Anschauung des Punktes als Ursprung (ἀρχή) der Linie platonisch ist, so gewinnt die Überlieferung an innerer Wahrscheinlichkeit. Fügt man hinzu, daß zur Zeit Platos tatsächlich die naive Verwendung der „Einschiebung" (νεῦσις), die noch bei Hippokrates von Chios vorkommt, verschwindet und daß auch die neue Lösung des Delischen Problems durch den Eudoxus-Schüler Menaechmus (vermittels der Kegelschnitte) auf die neue Auffassung Rücksicht nimmt, so ist auch der äußere Tatbestand anscheinend bestätigt.

Dieser umfassendste methodische Gedanke Platos auf mathematischem Gebiet darf allerdings nicht als „Konstruktivismus" interpretiert werden im Sinne einer Existenzsicherung mathematischer Gebilde durch ihre „Erzeugung". Sondern die von Proclus (in Euclidem p. 77, 15 Friedl.) berichtete Auseinandersetzung der Akademie (Speusippus) und der kyzikenischen Schule (Menaechmus) über den Sinn der „Bewegung" in der Mathematik zeigt, daß nach platonischer Auffassung das „Mathema" ein „ewig Seiendes" (ἀεὶ ὄν) ist (vgl. Staat VII, 527 A, dazu Stenzel, Speusipp. 1659—60 u. Verf., „Math. Existenz", S. 131 ff., 198 f.). Das heißt: die „Beschränkung der mathematischen Instrumente auf Lineal und Zirkel", wie man für gewöhnlich recht mißverständlich sagt, besagt in Wahrheit die stufenweise Ordnung der unbewegten geometrischen Figuren nach dem Grade ihrer Komplikation, feststellbar an der Zahl und Art der ineinander greifenden (schneidenden und verbindenden) Geraden und Kreise, die die „erzeugende" Konstruktion διδασκαλίας χάριν benutzt.

Also auch diese umfassendste Aufgabe ordnet sich sinngemäß dem methodischen Gedanken des „Philebus" unter; die „unendliche" Mannigfaltigkeit der Raumgestalten wird „begrenzt", zu dem gemacht, was wir noch heute „definite (δι-ωρισμένη) Mannigfaltigkeit" nennen. Die „Zahl" (ἀριθμός) erscheint auch hier in der doppelten Funktion von „Baustein" (στοιχεῖον) und „Band" (δεσμός).

So zeigt sich, daß fast alle großen Problembezirke der Mathematik der Zeit und eines ihrer umfassendsten methodischen Prinzipien von der diairetischen Methode und der Konzeption der Idealzahl aus ihren philosophischen Mittelpunkt erhalten. Allerdings ist zweierlei festzuhalten: Erstens geht die mathematische Methode im weiteren Verlauf ihrer Entwicklung weit über eine einfache Diairesis der Ideen hinaus und zweitens darf man nicht glauben, daß in dem verwickelten Verhältnis der akademischen Philosophie und der Mathematik die erste der allein gebende Teil war — ebensowenig wie freilich die zweite. Es ist nicht angängig, die Mathematik des Hippokrates von Chios, des Archytas und der kyzikenischen Schule oder gar des Archimedes als Mathematik gegenüber den von Plato inaugurierten voreuklidischen und euklidischen „Elementen" als „empiristisch" zurückzusetzen (wozu E. Frank und neuerdings Fr. Solmsen neigen[23]). Es handelt sich bei jener um ebenso „reine" Mathematik wie bei Euklid. Andererseits ist aber doch zweifelhaft, ob die griechische Mathematik ohne die Einwirkung Platos, der ihr den großen philosophischen Hintergrund gab — der wirksam blieb bis auf Proclus, mag er auch beim mathematischen Einzelforscher immer mehr verblaßt sein — jenes Ausmaß an Strenge erreicht hätte, das wir noch heute an ihr bewundern.

---

[23]) Vgl. E. Frank, Plato und die sogenannten Pythagoreer (Halle a. S. 1923), p. 173 mit Anm. u. ö. (einigermaßen im Widerspruch dazu: Beilage XV, a, 1, p.222f.). — F. Solmsen, Die Entwicklung der aristotelischen Logik und Rhetorik (Neue philolog. Unters., Heft 4, Berlin 1929), p. 109ff., insbes. p. 125, 129—135. Vgl. außerdem diese Zeitschr., Bd. I, S. 93ff.

Für Archimedes genügt es eigentlich, auf die ausgezeichnete Arbeit von W. Stein (diese Zeitschr., Bd. I, S. 221ff.) „Der Begriff des Schwerpunkts bei Archimedes" hinzuweisen. — In der archimedischen Mechanik ist keineswegs ein „empirisches" Element enthalten, ebensowenig wie etwa in unserer heutigen deduktiven Mechanik (rein als ein mathematisches System betrachtet). Das „Unstrenge" in Archimedes' Verfahren in der *Ἔφοδος περὶ τῶν μηχανικῶν θεωρημάτων*, von A. selbst klar erkannt und bereits in der *quadratura parabolae* demonstriert, liegt in der kühnen, intuitiv-phantastischen, aber ganz und gar nicht „empiristischen" Verwendung des Aktual-Unendlichen (der unendlichen Mengen von Linien usw.). Eine „empirische Quadratur" ist natürlich etwas ganz anderes, nämlich etwa das an sich unverächtliche Verfahren, gezeichnete Kurven durch Ausschneiden und Wägen oder mit dem Planimeter numerisch zu integrieren.

Was Archytas betrifft (auf den sich ja Platos Polemik in den im Text zitierten Plutarchstellen bezieht), so zeigt seine von Eutocius erhaltene Lösung des Delischen Problems (Diels, Vorsokrat. 35A, 14; dazu i. d. Nachträgen der 4. Aufl. S.XXXIXf.) zwar wirklich eine stark kinematische Redeweise („*περιαγόμενον*", „*ἐν τῇ περιαγωγῇ*", „*γράψει*", „*ποιήσει*", „*περιγράψει*", „*τὸ κινούμενον ἡμικύκλιον*", „*τὸ ἀντιπεριαγόμενον τρίγωνον*" usw.). Vergleicht man aber Euklid selbst (Elem. XI, Definit.), so sieht man, daß Kugel, Kegel und Zylinder auch kinematisch definiert werden („*περιενεχθὲν τὸ ἡμικύκλιον*" usw., „*ὅθεν ἤρξατο φέρεσθαι*") — im Gegensatz zur Definition des Kreises (Elem. I). Weder Archytas noch Euklid entgehen also Platos Vorwürfen im „Staat" VII, 527A., denen der Standpunkt des Speusippus gegenüber Menaechmus (Procl. in Euclid. p. 77, 15—79, 2) entspricht. Im übrigen sind Archytas' „*δυσμήχανα ἔργα κυλίνδρων*" natürlich reine Mathematik; Zeuthen (Gesch. d. Math. i. Altert. u. Mittelalter. Kopenh. 1896, S. 97) bemerkt mit Recht, A.'s Konstruktion hätte nur mittels der „analytischen" Methode gefunden werden können, derselben Methode, deren systematische Durchführung Plato zugeschrieben wird. Merkwürdig in diesem Zusammenhang ist endlich auch eine Bemerkung des Ps.-Eratosthenes (Diels, Vors. 35A, 15) über Archytas und Eudoxus: „*συμβέβηκεν δὲ πᾶσιν αὐτοῖς ἀποδεικτικῶς γεγραφέναι, χειρουργῆσαι δὲ καὶ εἰς χρείαν πεσεῖν μὴ δύνασθαι*" — es wird ihnen da nicht gerade „Empirismus" vorgeworfen!

4.

Von den weitreichenden Auswirkungen der platonischen Ideen-Zahlen-Lehre kehrt unsere Untersuchung zu dieser selbst zurück. Es bleibt ihr die Aufgabe, an der Hand der Texte — in möglichster Kürze — die vorgebrachte These zu prüfen. Dabei kann natürlich nicht die Absicht die sein, alle die mannigfachen Dunkelheiten der Überlieferung, besonders in der aristotelischen Polemik gegen die platonische Lehre, aufzuhellen. Das wird wahrscheinlich überhaupt niemals ganz möglich sein. Aber es soll versucht werden, möglichst eindeutige Belege für unsere These aus den Texten zu gewinnen.

Methodisch ist von vornherein eine Bemerkung zu machen: Die aristotelische Kritik an Plato ist höchstwahrscheinlich mißverstanden, wenn aus ihrer Auslegung sich ergibt, daß sie die platonische Theorie in ihren elementarsten Zügen nicht versteht und daß sie lediglich um Nebenpunkte und abstruse Einzelheiten marottenhaft streitet. Nach dem, was wir sonst von Aristoteles wissen, ist vielmehr anzunehmen, daß er die akademischen Lehren sehr genau gekannt und in philosophisch wesentlichen Punkten bekämpft hat.

Die Texte sind im folgenden in sachlicher Gruppierung zusammengestellt und interpretiert; am Schluß folgen einige besonders wichtige Einzelstellen.

a) Die Benennung der Idealzahlen und der sprachliche Ausdruck der These, daß „die Ideen Zahlen sind“.

Die erste Erwähnung der Ideen-Zahlen-These findet sich Met. A 6, 987 b 20—23: *ὡς μὲν οὖν ὕλην τὸ μέγα καὶ τὸ μικρὸν εἶναι ἀρχάς, ὡς δ' οὐσίαν τὸ ἕν· ἐξ ἐκείνων γὰρ κατὰ μέθεξιν τοῦ ἑνὸς τὰ εἴδη εἶναι ὡς* (für überliefertes *τοὺς*) *ἀριθμούς*.

Die letzten Worte sind, so wie sie überliefert sind, schwer verständlich. Zeller und W. D. Ross streichen *τὰ εἴδη*, Christ umgekehrt *τοὺς ἀριθμούς*; Schwegler *τούς* und Jackson schreibt für *τούς*: *τὰ ὥς*. (Von noch anderen Vorschlägen sei hier abgesehen.) Wir übersetzen: „. . . aus jenen leiteten sich (*εἶναι ἐξ*) die Ideen her, sofern (*ὡς*) sie Zahlen seien.“ (*ὡς* etwa in der Bedeutung von *ᾗ*.) — Die Konjektur *ὡς* für *τούς* vermeidet den Einwand, den Ross gegen Jacksons verwandten Vorschlag erhebt (*τὰ ὡς* für *τούς*), daß damit zwei Klassen von *εἴδη* statuiert würden, solche *ὡς ἀριθμοί* und andere. Der Text besagt bei uns nur, daß die Ideen als Zahlen anzusehen seien[24]).

---

[24]) Es sei hier ein Deutungsversuch der in der Nähe befindlichen umstrittenen Stelle 987 b 33—988 a 1 angeschlossen: „. . . *τὸ δὲ δυάδα ποιῆσαι τὴν ἑτέραν φύσιν διὰ τὸ τοὺς ἀριθμοὺς ⟨καὶ⟩ ἔξω τῶν πρώτων εὐφυῶς ἐξ αὐτῆς γεννᾶσθαι, ὥσπερ ἔκ τινος*

Ähnliche Wendungen kommen oft in der Metaphysik vor, z. B.: M 9, 1086a 11—13: *ὁ πρῶτος θέμενος τὰ εἴδη εἶναι καὶ ἀριθμοὺς τὰ εἴδη*... N 3, 1090a 16: *οἱ μὲν οὖν τιθέμενοι τὰς ἰδέας εἶναι καὶ ἀριθμοὺς αὐτὰς εἶναι*..., bemerkenswert endlich die präzise Wendung: N 2, 1090a 4—6: *τῷ ἰδέας τιθεμένῳ* ... *ἕκαστος τῶν ἀριθμῶν ἰδέα τις*. An den ersten beiden (und vielen anderen) Stellen werden die Ideen (im Plural) den Zahlen (im Plural) zugeordnet, an der dritten ausdrücklich jeder einzelnen Zahl eine bestimmte Idee (also Singular dem Singular).

Bis hierher hat die Sachlage nichts Merkwürdiges. Aber es kommt die Tatsache hinzu, daß in einer Reihe von Stellen sich geradezu eine Terminologie ausbildet, die der Zahl (im Singular) Ideen (im Plural, mit und ohne Artikel) zuordnet.

Schon im zweiten Buch von *περὶ φιλοσοφίας* (fr. 9 R, überliefert bei Syrian) heißt es: *εἰ ἄλλος ἀριθμὸς αἱ ἰδέαι*. Die Formel *ὁ τῶν εἰδῶν (ἰδεῶν) ἀριθμός* steht Met. M 7, 1081a 21; M 8, 1083b 3; N 3, 1090b 33, 37. Eine Variante ist: *τοῖς ὡς εἴδη τόν ἀριθμὸν λέγουσι* (1083b 4—5) und die auch in anderer Hinsicht wichtige Stelle: *(ἀριθμόν) τὸν ἔχοντα πρότερον καὶ ὕστερον τὰς ἰδέας* (1080a 12—13) (S. u. S. 485, Anm. 28).

Man könnte daran denken, den Singular von *ἀριθμός* in allen Fällen im kollektiven Sinne zu verstehen, so daß er bedeutungsmäßig einem Plural nahe käme, aber — warum kommt dann niemals an solchen Stellen *εἶδος* im kollektiven Sinne vor? Dieser Ausweg hilft also — in Anbetracht der immerhin erheblichen Zahl (7) der Stellen — nichts. Es bleibt dabei, daß die „Zahl" bald der einzelnen Idee, bald — als einzelne — „den Ideen" oder „Ideen" entspricht. Liegt dann aber nicht ein Widerspruch vor?

Man kommt zu einer Erklärung des Tatbestands, wenn man Stellen heranzieht wie Met. H 3, 1044a 11—14: *περὶ μὲν οὖν γενέσεως καὶ φθορᾶς τῶν λεγομένων οὐσιῶν* ... *καὶ περὶ τῆς* (sc. *τῶν λεγ. οὐσιῶν*) *εἰς τὸν ἀριθμὸν ἀναγωγῆς*[25]), was zusammenzuhalten ist etwa mit Z 13, 1039a 7: *εἰ ἡ*

ἐκμαγείου". „... weil die Zahlen aus der Dyas (auch) über die (beiden) ersten hinaus wohlgebildet erzeugt werden, wie aus einem bildsamen Stoff." — Wir fassen also, im Anschluß an A. E. Taylor, *οἱ πρῶτοι* als die beiden ersten Zahlen 1 und 2 auf und fügen hinzu, daß *ἔξω* nicht notwendig „mit Ausnahme" (*πλήν*, *praeter*) bedeutet, sondern zunächst „außerhalb" (*extra*) und „darüber hinaus" in räumlicher und zeitlicher Hinsicht (Bonitz, Index Aristot., p. 262b, 55ff.; Xenophon, Kyropaedie IV, 4, 1: *ἔξω μέσου ἡμέρας*; Demosthenes 54, 26 (Bekker): *ἔξω μέσων νυκτῶν*). Der Sinn ist dann: Bei 1 und 2 ist die Erzeugung trivial, aber auch darüber hinaus ist sie möglich. Das *καὶ* ist dem Sinne nach zu ergänzen; man braucht diese Ergänzung aber nicht notwendig als Text-Konjektur aufzufassen.

[25]) Zum Terminus *ἀναγωγή* vgl. Theophrast, Metaphysik 13 (6b, 11—14 Usener): „*Πλάτων μὲν οὖν ἐν τῷ ἀνάγειν εἰς τὰς ἀρχας δόξαιεν ἂν ἅπτεσθαι τῶν ἄλλων εἰς τὰς ἰδέας ἀνάπτων, ταύτας δ' εἰς τοὺς ἀριθμούς, ἐκ δὲ τούτων εἰς τὰς ἀρχάς*..."

οὐσία ἕν, οὐκ ἔσται ἐξ οὐσιῶν ἐνυπαρχουσῶν und a 3: *ἀδύνατον γὰρ οὐσίαν ἐξ οὐσιῶν εἶναι ἐνυπαρχουσῶν ὡς ἐντελεχείᾳ*. Weiter heißt es (a 11—14): Diese Unmöglichkeit des aktuellen *ἐνυπάρχειν* der Teil-*οὐσίαι* in einer ganzen *οὐσία* ist ganz wie bei der Zahl: „*ὁμοίως τοίνυν δῆλον, ὅτι καὶ ἐπ' ἀριθμοῦ ἕξει, εἴπερ ὁ ἀριθμὸς σύνθεσις μονάδων, ὥσπερ λέγεται ὑπό τινων* (nämlich den Platonikern) *ἢ γὰρ οὐχ ἓν ἡ δυάς, ἢ οὐκ ἔνεστι μονὰς ἐν αὐτῇ ἐντελεχείᾳ*. Womit unmittelbar zu vergleichen ist M 7, 1082b 28—32: *διὸ καὶ τὸ ἀριθμεῖσθαι οὕτως, ἓν δύο, μὴ προσλαμβανομένου πρὸς τῷ ὑπάρχοντι ἀναγκαῖον αὐτοῖς λέγειν· οὔτε γὰρ ἡ γένεσις ἔσται ἐκ τῆς ἀορίστου δυάδος*[26]) *οὔτε ἰδέαν ἐνδέχεται εἶναι· ἐνυπάρξει γὰρ ἑτέρα ἰδέα ἐν ἑτέρᾳ καὶ πάντα τὰ εἴδη ἑνὸς μέρη.*

Und schließlich sagt Aristoteles ganz direkt und deutlich (M 7, 1082a 34—35): . . . *ὥστε πᾶσαι αἱ μονάδες ἰδέαι γίγνονται καὶ συγκείσεται ἰδέα ἐξ ἰδεῶν*. Dazu kommt dann noch, außer anderen Parallelstellen[27]), die besonders krasse M 9, 1085a 24—26: *πάντων δὲ κοινὸν τούτων ὅπερ ἐπὶ τῶν εἰδῶν τῶν ὡς γένους συμβαίνει διαπορεῖν, ὅταν τις θῇ* ⟨*χωριστὰ* Jaeger⟩ *τὰ καθόλου, πότερον τὸ ζῷον αὐτὸ ἐν τῷ ζῴῳ ἢ ἕτερον αὐτοῦ ζῷον* (für *ζῴου* Jaeger).

Es handelt sich an allen diesen Stellen und an noch zahlreichen anderen[28]) immer um dieselbe Frage, ob eine Idee, eine *οὐσία* oder eine Zahl

---

[26]) Die Genesis aus der *ἀόριστος δυάς* steht hier nicht zufällig. Denn (wie wir oben, S. 470 f., sahen) vermeidet ja die Erzeugung durch Spaltung der Monaden gerade das Bestehenbleiben (*ὑπάρχειν*) der „alten“ Monaden als aktueller in (*ἐν*) der schließlich erreichten Zahl.

[27]) Vgl. bes. 1082b 23—26 (vor der im Text zitierten Stelle): *οὐδὲ ἔσονται αἱ ἰδέαι ἀριθμοί. τοῦτο μὲν γὰρ αὐτὸ ὀρθῶς λέγουσι οἱ διαφόρους τὰς μονάδας ἀξιοῦντες εἶναι εἴπερ ἰδέαι* (scil. *αἱ μονάδες*!) *ἔσονται, ὥσπερ εἴρηται πρότερον* (nämlich 1082a 34—35)· *ἓν γὰρ τὸ εἶδος.* Es wird hier als wesentlicher und selbstverständlicher Bestandteil der platonischen Lehre angenommen, daß die Monaden Ideen sind — unter Hinweis auf die frühere Stelle (und vielleicht noch andere) und mit der Begründung, das Eidos sei *ἕν*, der These, die den ganzen platonischen „Parmenides“ durchzieht.

[28]) Zu erwähnen ist davon noch besonders Met. M 6, 1080a 15—18: *ἀνάγκη δ' εἴπερ ἐστὶν ὁ ἀριθμὸς φύσις τις καὶ μὴ ἄλλη τίς ἐστιν αὐτοῦ ἡ οὐσία ἀλλ' τοῦτ' αὐτό, ὥσπερ φασί τινες, ἤτοι εἶναι τὸ μὲν πρῶτον τὶ αὐτοῦ τό δ' ἐχόμενον, ἕτερον ὂν τῷ εἴδει ἕκαστον.* und unmittelbar dazu M 6, 1080b 11—13: *οἱ μὲν οὖν* (die Platoniker) *ἀμφοτέρους φασὶ εἶναι τοὺς ἀριθμούς, τὸν μὲν* (die Idealzahl) *ἔχοντα τὸ πρότερον καὶ ὕστερον τὰς ἰδέας, τὸν δὲ μαθηματικόν* . . .

In beiden Stellen ist der Singular von *ἀριθμός* bedeutsam. In der ersten heißt *τὸ μὲν πρῶτον αὐτοῦ τὸ δ' ἐχόμενον*: „das erste einerseits und das folgende andrerseits (dem Eidos nach verschieden!) der (einzelnen!) Zahl“. In der zweiten werden zwei Zahltypen unterschieden (*ἀμφότεροι οἱ ἀριθμοί*); eine typische Zahl der ersten Art (*ὁ μὲν*) hat (als einzelne!) als das Früher und Später die Ideen (Mehrzahl!) oder „besitzt das Früher und Später, nämlich die Ideen“. Das heißt: in einer einzelnen Zahl dieses Typs sind gewisse Teile früher, gewisse später — nicht etwa sind gewisse Zahlen (als ganze) früher bzw. später als andere! Letztlich

aus Monaden oder „kleineren“ Teilzahlen so zusammengesetzt werden kann, daß die Teile aktual sind und trotzdem das Ganze ein ἕν ist. Das wird von Aristoteles stets geleugnet (es ist ein wesentlicher Teil seiner Argumentation über die Einheit der Definition in Met. Z), von den Platonikern aber (nach Aristoteles) behauptet. Dabei gehen an den verschiedenen Stellen nicht nur die Zahlen, sondern auch die Teilzahlen bis hinab zu den Einheiten den Ideen parallel. Direkt ausgesprochen wird es an der zitierten Stelle 1082a 34: *πᾶσαι αἱ μονάδες ἰδέαι γίγνονται*, indirekt ergibt es sich aus Met. N 4, 1091b 25—27: *ἅπασαι γὰρ αἱ μονάδες γίγνονται ὅπερ ἀγαθόν τι ... ἔτι εἰ τὰ εἴδη ἀριθμοί, τὰ εἴδη πάντα ὅπερ ἀγαθόν τι.* Dies ist nur dann ein gültiger Schluß, wenn man als Minor ergänzt: *τὰ εἴδη ἐστὶ μονάδες*, was also augenscheinlich, als nähere Determination, aus der angegebenen Bedingung *εἰ τὰ εἴδη ἀριθμοί* gefolgert wird[29]).

Ebendasselbe ergibt sich aus Met. H 3, 1043b 33: *εἴπερ εἰσί πως ἀριθμοὶ αἱ οὐσίαι, οὕτως εἰσὶ καὶ οὐχ, ὥς τινες λέγουσι, μονάδων. — οὕτως*, d. h. so wie im vorigen beschrieben: nicht aus aktualen Teilen zusammengesetzt, sondern aus Stoff (Potenziellem) und Form (Aktuellem), wobei zum Stoff auch das Genus gerechnet wird (vgl. Met. Z 13) und damit überhaupt alle höheren Eidē der Ideenkette, die in der aristotelischen Aus-

---

handelt es sich bei diesen Teilen um die Einheiten, die *ἀδιαίρετα*, die nicht weiter zerlegbaren Teile. Diese sind also früher und später und bei diesen gibt es ein Erstes und ein Folgendes.

Eduard Zeller kommt in einer berühmten Anmerkung seiner „Philosophie der Griechen“ (Bd. II, 1, S. 681, Anm. 4 in der 4. Auflage) ganz nahe an diese Erkenntnis heran. Mit Recht bringt er die Unvereinbarkeit der Einheiten der Idealzahl (der *μονάδες ἀσύμβλητοι*) mit diesem Verhältnis von früher und später in Zusammenhang. Vgl. M 7, 1081a 17, 35ff., b 28 (*μονάδες ἀσύμβλητοι = μονάδες πρότεραι καὶ ὕστεραι*); M 8, 1083a 33. Ferner: M 7, 1082a 26ff., wo „Aristoteles (wie Zeller sagt) gegen die platonische Annahme der Idealzahlen einwendet: aus ihrer Voraussetzung würde sich ergeben, daß nicht bloß die ganzen Zahlen, sondern auch die Teile derselben, im Verhältnis des Vor und Nach stehen, daß also auch diese Ideen sein müßten, und somit eine Idee aus mehreren Ideen (die ideale Acht z. B. aus zwei idealen Vieren) zusammengesetzt sein müßte“. — Dies alles gilt wörtlich für die Einheiten (die *ἀδιαίρετα*) selbst, die also Ideen sind, die in ihrer Verflechtung (*συμπλοκή*) im diairetischen Schema wiederum Ideen produzieren.

[29]) Man könnte einwenden: Wenn die *μονάδες ὅπερ ἀγαθόν τι* sind, so auch die aus ihnen zusammengesetzten Zahlen. Aber das ist in Anbetracht des Gesamtarguments, in das die Stelle eingebettet ist, unmöglich. Die *μονάς* ist nämlich *ἀγαθόν* als *ἕν*, und zwar ist hier *ἕν* gemeint als *στοιχεῖον* und *ἀρχὴ πρώτη* (b 24—25), nicht etwa als „formale“ Einheit der Zahl als ganzer (vgl. für diese Dinstinktion M 8, 1084b 2ff.). So ist in diesem Zusammenhang die Zahl kein Eines, sondern eine Mehrheit (*πλῆθος*), demnach nicht *ὅπερ ἀγαθόν τι*. Der im Text betrachtete Schluß ist also in der Tat nur dann gültig, wenn die *εἴδη* als *μονάδες*, nicht bloß als *ἀριθμοί* aufgefaßt werden.

drucksweise deshalb τὰ ὡς γένους εἴδη (z. B. 1057b 7, 1058a 22, 1079b 34, 1085a 24) heißen — zum Unterschied von den „getrennten Ideen" der Platoniker. Diesen „getrennten Allgemeinen" (τὰ καθόλου τὰ χωριστά) entsprechen eben in der H 3-Stelle die Monaden. Es folgt dort der Vergleich von Zahl und diairetischer Definition —: daß beide εἰς ἀδιαίρετα zu zerlegen, ... daß beide ein ἕν sind und nicht nur eine Anhäufung (οἷον σωρός, 1044a 4, — vgl. vor allem 1044b 9). Das Letztere können die Platoniker weder bei der Definition noch bei der Idealzahl erklären. Trotzdem ist es ganz natürlich und hat beide Male denselben Grund: die definierte οὐσία — d. i. das ἄτομον εἶδος, das einerseits das ἀδιαίρετον des ὁρισμός ist, andererseits auch durch den ganzen ὁρισμός dargestellt wird — ist Eines, weil es Entelechie und „Physis" ist (während alles Allgemeine bloß potentiell bleibt). Sie ist also nicht wie eine Monas oder ein Punkt (ὡς στιγμή, d. h. μόνας mit θέσις, einer bestimmten „Stellung" im diairetischen Schema[30]), wie Plato meint. Dem Atomon Eidos entspricht also wieder die Monas —: jedem Eidos der Kette eine Monas. Der ganze Streit geht immer wieder darum, ob diese Monaden potentiell oder aktuell sind, bzw. ob diese das Eine, jene das Andere. — Die ganze Sache ist wiederum dargestellt in Met. M 8, 1084b 3—32. Auch diese zunächst nicht ganz leichte Stelle wird ganz konkret verständlich, wenn man das ἕν als Repräsentanten des Eidos in der diairetischen Eidē-Kette faßt. Die „mathematische" Auffassung sieht im ἕν (ὡς στιγμή) die Monas als Stoff, die Auffassung „ἐκ τῶν λόγων τοῦ καθόλου" (von der allgemeinen Begriffsbestimmung her) sieht in ihm „das Ausgesagte" (τὸ κατηγορούμενον), d. h. das Prädikat, das nicht selbständig ist, sondern von einem Substrat (*subiectum*) ausgesagt wird (κατ' ὑποκειμένου τινὸς κατηγορούμενον) — das sind aber die ὡς γένους εἴδη im aristotelischen Sinn. Aristoteles wirft nun den Platonikern vor, beides vermischt zu haben: die Idealzahl sei eine unmögliche Kreuzung von mathematischer Zahl und Definition. — Wieder entsprechen die Monaden der Zahl den (ὡς γένους) εἴδη der Definition!

Diese Stellen aus Aristoteles (die nicht das Material erschöpfen sollen) genügen wohl zum Beleg der Behauptung, daß den Monaden der Idealzahl in erster Linie die Ideen entsprechen. Dann freilich auch die durch die Symplokē geeinten Teile und das Ganze des Ideengeflechts selbst. In diesem doppelten Sinn, des „Elements" (στοιχεῖον) und des Ganzen (platonisch des „Bandes", des δεσμός) ist das Eidos ἕν — womit freilich auch sofort die in den letzten Stellen (1084b 3—32) explizit werdende Problematik aufbricht.

---

[30]) Vgl. Met. Δ 6, 1016b 16 und W. D. Ross, Metaphysikkommentar zu 1084b 33—34 (Vol. II, 454).

Der Ausdruck *ὁ ἀριθμὸς ὁ τῶν εἰδῶν* wird jetzt ganz durchsichtig: er ist zunächst nichts anderes als der übliche Ausdruck für eine benannte Zahl („eine Anzahl Ideen“, ganz so wie „eine Anzahl Schafe“ oder „Hunde“, *ἀριθμὸς προβάτων, κυνῶν*, vgl. Physik Δ 14, 224a 2ff.).

Weiteres Material gibt Met. N 1, 1088a 4—14. Der Stelle geht (1087b 33—1088a 4) eine Bemerkung über das voraus, was in verschiedenen Gegenstandsgebieten das jeweilige Maß sei (*ἐν ἁρμονίᾳ δίεσις, ἐν μεγέθει δάκτυλος ἢ πούς, ἐν ῥυθμοῖς βάσις ἢ συλλαβή, ἐν βάρει σταθμός τις ὡρισμένος*, b 35—37), eine Qualität im qualitativen, eine Quantität im quantitativen Gebiet. Das bedeute — so fährt unsere Stelle fort —, daß die Einheit ein Maß der Vielheit (*πλῆθος*) sei und die Zahl eine gemessene Vielheit oder eine Vielheit von (Einheits-) Maßen. Das Eine sei daher selbst keine Zahl. — Dasselbe aber müsse allen jeweils gemessenen Dingen als Maß zugrunde liegen: wenn das Maß ein Pferd, so liege eine Zahl von Pferden vor, wenn ein Mensch, von Menschen. Wenn aber Mensch, Gott und Pferd zur Zahlbildung vorliege, so sei die Einheit vielleicht Lebewesen (*ζῷον*) und die Zahl jener sei Lebewesen (im Plural: *ὁ ἀριθμὸς αὐτῶν ἔσται ζῷα*). Wenn endlich Mensch, Weiß(es) und Schreitend(es) gegeben sei, so gäbe es „am wenigsten“ eine Zahl davon, weil dies alles ja demselben zukäme („der weiße Mensch ist schreitend“) und Einem der Zahl nach (*ἥκιστα μὲν ἀριθμὸς τούτων διὰ τὸ αὐτῷ πανθ' ὑπάρχειν καὶ ἑνὶ τὸν ἀριθμόν*). Dennoch wird die „Zahl“ dieser „Dinge“ existieren als Zahl von „Gattungen“ (*γένη*) oder einer anderen derartigen Prädikation (*ὅμως δὲ γενῶν ἔσται ὁ ἀριθμὸς ὁ τούτων ἢ τινὸς ἄλλης τοιαύτης προσηγορίας*). Von den trivialen Fällen benannter Zahlen geht also Aristoteles schrittweise zu den schwierigeren inhomogenen Fällen über, wo der den zu zählenden „Dingen“ gemeinsame Oberbegriff erst aufgesucht werden muß, bis schließlich zu dem absonderlichen Fall, wo ein solcher gar nicht oder kaum (*ἥκιστα*) zu existieren scheint — dann nämlich, wenn die in eine Zahl oder „Menge“ (*ἀριθμός, πλῆθος*) zusammenzufassenden Gegenstände verschiedenen Kategorien angehören (*ἄνθρωπος* ist eine *οὐσία, λευκόν* ein *ποιόν, βαδίζων* ein Modus des *ποιεῖν*). Man muß sich da mit einem formalen gemeinsamen Prädikat (*προσηγορία*) wie *γένος* begnügen, freilich gibt es dann auch „am wenigsten“ eine Zahl.

Gerade dieser letzte absonderliche Fall ist nun offenbar für unser Problem sehr wichtig: der Ausdruck *ὁ ἀριθμὸς ὁ γενῶν* erinnert stark an die Formel *ὁ ἀριθμὸς ὁ τῶν εἰδῶν*: wie es sich dort um eine Zahl von „Gattungen“ handelt, so hier um eine solche von Ideen oder „Arten“ (*species*). Wir finden also auf das deutlichste bestätigt: *ὁ ἀριθμὸς ὁ τῶν εἰδῶν* besagt nichts anderes als „eine (An-) Zahl von Ideen“, d. h. eine benannte Zahl mit der Benennung Idee, eine geordnete Menge oder Mannigfaltigkeit von Ideen, also — eine Zahl, deren Einheiten (*μονάδες*) eben Ideen sind. (Primär also nicht: eine Zahl = eine bestimmte Idee!)

Daß es „am wenigsten" einen ἀριθμὸς γενῶν gibt, dem entspricht wiederum die Aussage Met. H 3, 1043b 34, daß die diairetische Definition (ὁρισμός) „eine Art Zahl" (ἀριθμός τις) ist (ähnlich b 33: εἴπερ εἰσί πως — irgendwie, in gewissem Sinne — ἀριθμοὶ αἱ οὐσίαι). In beiden eng verwandten, beinahe identischen Fällen (Eidos und Genos stehen sich u. U. sehr nahe, vgl. den Bonitzschen Index sub verbis!) handelt es sich um „Zahlen" mit Elementen von verschiedener Allgemeinheitsstufe bzw. sogar von verschiedener Kategorie!

b) Bestätigung der These „Idea = Monas" aus Plato.

Dafür, daß das Eidos ἕν ist, könnte man in gewissem Sinne eigentlich jeden platonischen Dialog anführen. Der Gedanke macht sich schon bemerkbar in der Einzigkeit der sokratisch-frühplatonischen Definition gegenüber der Vielheit der vom naiven Menschen zur Begriffserklärung regelmäßig herangezogenen Beispiele, er gewinnt einen besonders eindrucksvollen Ausdruck in der berühmten Charakteristik der Idee im Symposion „μονοειδὲς ἀεὶ ὄν", 211 AB), er wird schließlich zum eigenen Thema eines ganzen, äußerst wichtigen Dialogs der Spätzeit, des „Parmenides", und spielt eine nicht geringe Rolle in dem mit der Diairesis-Lehre auf das engste verbundenen „Sophistes" — um von anderem zu schweigen.

Aber hier ist es uns ja nicht um die platonische Idee-Einheits-These im allgemeinen zu tun, sondern um diejenige Form derselben, die einen entscheidenden Bestandteil der Ideen-Zahlen-Lehre bildet. In dieser Form besagt die These, nicht bloß, daß das Eidos ἕν ist, sondern daß es ἑνάς (= μονάς) ist, „Einheit" im Ideengeflecht der Idealzahl. Dies aber ist erst präzis ausgesprochen im „Philebus"!

Schon Paul Natorp hat auf Phileb. 15 AB als grundlegende Stelle für das Verständnis der Idealzahl hingewiesen[31]). — Nachdem (14 CD) das Problem des Einen und Vielen in dem bekannten populären Sinn durch Hinweis auf das Verhältnis von Idee und Sinnending erledigt ist, wird (15 A) das neue Problem von Einheit und Vielheit im Reiche der Ideen selbst aufgeworfen[32]). „Wenn einer nämlich einen Menschen sich zu setzen bemüht und einen Ochsen und das Schöne als Eines und das Gute als Eines (d. i. also all' das als Idee), so entsteht um diese ‚Einheiten' (ἑνάδες) und Derartiges viel Zweifel und Streit durch die Diairesis." (ὅταν δέ τις ἕνα ἄνθρωπον ἐπιχειρῇ τίθεσθαι καὶ βοῦν ἕνα καὶ τὸ καλὸν ἓν καὶ ἀγαθὸν ἕν, περὶ τούτων τῶν ἑνάδων καὶ τῶν τοιούτων ἡ

[31]) s. Platos Ideenlehre (Leipzig 1902), S. 414.

[32]) Das ist genau derselbe Gedankengang wie im „Parmenides", 128E—130A.

πολλὴ σπουδὴ μετὰ διαιρέσεως ἀμφισβήτησις γίγνεται.) Dies wird dann näher gekennzeichnet, wobei die *ἑνάδες* ohne weiteres als *τοιαῦται μονάδες* bezeichnet werden.

Hier werden also von Plato selbst die Ideen „Einsheiten" (Henaden) und „Ein(zig)heiten" (Monaden) genannt (16 D kommt sogar nach Bury und Stenzel („Studien", S. 67, 102f.) *τὰ ἕν* vor). Es sind also beide Ausdrücke als Konkreta gebraucht, während *μονάς* als Idee der Einheit, als „Einshaftigkeit" im Phaedo 101 C und 105 C, also als Abstraktum vorkommt (Stenzel, l. c. S. 67)[33]).

Auf diese Stelle „*περὶ τούτων τῶν ἑνάδων* bezieht sich augenscheinlich auch Plotin, Ennead. VI, 6, cap. 9 (Vol. II, p. 408, 18 Volkmann) mit den Worten: „*διὸ καὶ τὰ εἴδη ἔλεγον* (nämlich die Platoniker) *καὶ ἑνάδας καὶ ἀριθμούς.*" („Denn deshalb nannten die Platoniker auch die Ideen sowohl Einheiten als auch Zahlen.") Das „deshalb" (*διό*) bezieht sich auf die im vorigen entwickelte Theorie, daß in der Zahl (als „Grundlage, Quelle, Wurzel und Ursprung" der Dinge —: „*βάσιν δὲ ἔχει τὰ ὄντα ἐν αὐτῷ καὶ πηγὴν καὶ ῥίζαν καὶ ἀρχήν*", p. 408, 23f. Volkmann) die Kraft (*δύναμις*) liege, die die seienden Dinge (*τὰ ὄντα*) aus der Einen Seienden (*ὄν = ἕν*) durch Teilung (*μερισμός*) hervorgehen lasse; infolgedessen „sei das aus dem Einen hervorgegangene Seiende — in derselben Weise wie jenes Eines sei — Zahl" (*ὡς ἦν ἕν ἐκεῖνο, δεῖ αὐτὸ οὕτως ἀριθμὸν εἶναι*, p. 408, 17).

Unsere Platostelle legt also in der Tat die Gleichung Eidos = Henas = Monas in dem dargelegten Sinne fest. — Kann man diese Feststellung nun noch weiter durch eine sorgfältige Betrachtung der vielbehandelten Stelle Phil. 16 D ff. erhärten?

Beginnen wir mit 16 D! Zunächst darf man nicht das Wort *ἀριθμός*, überall wo es auftritt, sofort in der Bedeutung „Idealzahl" nehmen. „*μετὰ μίαν δύο . . . τρεῖς ἤτινα ἄλλον ἀριθμόν*" — da ist offenbar eine ganz gewöhnliche Zahl wie 1, 2, 3, 4 usw. gemeint. Aber in dem Satz „*τὴν δὲ τοῦ ἀπείρου ἰδέαν πρὸς τὸ πλῆθος μὴ προσφέρειν πρὶν ἄν τις τὸν ἀριθμὸν αὐτοῦ πάντα κατίδῃ τὸν μεταξὺ τοῦ ἀπείρου τε καὶ τοῦ ἑνός*" hat *ἀριθμός* augenscheinlich eine andere Bedeutung. Man darf zwar auch hier nicht an „Idealzahl" im Sinne eines festen Terminus denken — aber ist die

[33]) Die Stelle lautet: *οὐκ ἔχεις ἄλλην τινὰ αἰτίαν τοῦ δύο γενέσθαι ἀλλ' ἢ τὴν τῆς δυάδος μετάσχεσιν, καὶ δεῖν τούτου (ταύτης?) μετασχεῖν τὰ μέλλοντα δύο ἔσεσθαι, καὶ μονάδος ὃ ἂν μέλλῃ ἓν ἔσεσθαι.* Dies steht hier noch im Gegensatz nicht nur zur *πρόσθεσις*, sondern auch zur *σχίσις* (Zweiteilung). Immerhin hat sich in dem späteren Begriff der *δυὰς ἀόριστος* und in dem *ἕν*, durch Teilnahme an welchem die Zahlen „sich begrenzen", diese abstrakte Bedeutung von *μονάς* und *δυάς* erhalten (vgl. a. Stenzel, Speusippos, Sp. 1659, 39ff. u. 1663, 22ff.). — Dagegen findet sich die konkrete Bedeutung von *δεκάς* bei Aristoteles, Physik Δ 14, 224 a 2ff.

hier gemeinte „Zahl“ noch eine Zahl in unserem engen modernen Sinn? Selbst bei Aristoteles, etwa Met. I 2, 1053b 32—1054a 5[34]), hat *ἀριθμός* noch einen uns fremden, gestalthaften, „archaischen“ Bedeutungssinn. Ein „Lied“ (*μέλος*) ist dort ein *ἀριθμὸς διέσεων* (1053b 35) und ein sprachlicher Lautkörper (*φθογγός*) ein *ἀριθμὸς στοιχείων* (1054a 1—2). Ebenso ist von einer „Zahl“ von Farben und Figuren die Rede. All' dies sind doch offenbar ganzheitliche Gesamtgestalten, deren Zusammengesetztheit aus ihren Elementen (den Einheiten) eine echte „schöpferische Synthese“ darstellt. Es ist ein weiter Weg vom primitiven „Gruppengebilde“ (M. Wertheimer[35])) — z. B. der Gesamtheit der Balken eines Hauses, im anschaulichen Vorentwurf des primitiven „Architekten“, nicht nach Sorten geordnet, in homogene Haufen abgeteilt, sondern als anschauliches Ganze vorgestellt, so zusammengefügt, wie sie dann später das Haus bilden — ein wahres *εἶδος ἐν τῇ ψυχῇ* (Aristoteles) oder eine *προτύπωσις* im Sinne Plotins (p. 408, 31)! —, über die „Zahlgebilde“ mit einem gewissen anschaulichen „Umfang“, der aber keineswegs so universal ist wie der unseres Anzahlbegriffs (er enthält etwa solche Gebilde wie die Quincunx oder die „one-hand-plants“ der Neger[36])), — bis endlich zum indifferenten auf alles und jedes anwendbaren modernen Zahlbegriff. Und so besagt auch „*ὁ ἀριθμὸς τοῦ πλήθους πᾶς*“, die gesamte (ganze) Zahl der Menge (Vielheit) — nicht etwa „alle Zahlen der Menge“

[34]) Hieran knüpfen sich weitere Fragen über den aristotelischen Zahlbegriff, deren nähere Erörterung aber zu weit führen würde. Doch seien sie wenigstens genannt.

Zunächst fragt es sich, wie sich der Unterschied von „abstrakter“ Anzahl und konkret-gestalthafter Zahl verhält zu dem zwischen unbenannter Zahl (*ἀριθμὸς μοναδικός*) und benannter, weiterhin zu dem zwischen „zählender Zahl“ (*ἀ. ᾧ ἀριθμοῦμεν*, also genauer: „Zahl, mit der wir zählen“) und „gezählter“ (*ἀ. ὁ ἀριθμούμενος*) bzw. „zählbarer“ (*ἀ. ὁ ἀριθμητός*) — vgl. Aristot., Phys. Δ 11, 219b 5—7 u. ö. —, und wie sich diese letzten beiden Unterschiede zueinander verhalten.

Vom *ἀ. ᾧ ἀριθμοῦμεν* hört man wenig bei Aristoteles (auch der *ἀ. μοναδικός* ist *ἀ. ἀριθμούμενος*). Zu einer radikalen Überwindung der gegenständlich gebundenen Zahlvorstellung durch einen abstrakten Begriff im Sinne zählender Akte dringt er nirgends durch, wenn er ihn auch manchmal streift. So Phys. Δ 14, 223a 21ff.: Er fragt, ob die Zeit, die ja „gezählte Zahl der Bewegung“ ist, ohne die Seele sein könnte. Und sagt dann: *ἀδυνάτου γὰρ ὄντος εἶναι τοῦ ἀριθμήσαντος ἀδύνατον καὶ ἀριθμητὸν εἶναι*: — „Wenn das Zählende (d. h. der zählende seelische Akt) unmöglich ist, so auch das Zählbare (d. i. die Zahl als Gegenstand)“. — In vollkommener Weise erreicht wird dagegen der „selbständige“ (d. h. gegenstandsunabhängige) Zahlbegriff (der *ἀριθμὸς ἐφ' ἑαυτοῦ [ὤν]*) von Plotin, Enn. VI, 6, cap. 9 (s. a. im Text auf S. 490).

[35]) Zur Sache vergleiche man seine ausgezeichnete Analyse in dem Aufsatz „Über das Denken der Naturvölker I (Zahlen und Zahlengebilde)“, wieder abgedruckt in „Drei Abhandlungen zur Gestalttheorie“, Erlangen 1925), S. 106ff. S. insbes. § 1 (Gruppengebilde) bis § 4, § 6.

[36]) a. a. O. § 2 (S. 109f.), § 6 (S. 115f.).

d. h. alle, die irgendwie an dem ganzen strukturalen Gebilde vorkommen! — durchaus nicht eine „Anzahl" in unserem heutigen Sinn, sondern ein bei weitem gestalthafteres Gebilde, in dem die Gliederung (Struktur) aller Teile im ganzen eine fest bestimmte ist. Eine solche „Zahl" ist nicht wie unsere Anzahl, die gegen jeden Wechsel der Anordnung „invariant" ist, ein strukturloser, amorpher „Haufen" (*σωρός*), sondern selbst Form (Geformtes), Eidos, d. h. eine einheitliche Gesamtgestalt oder ein *ἕν*.

Diese Interpretation wird bestätigt durch die Betrachtung zweier weiterer Stellen. Zwar ist die Bedeutung von *ἀριθμός* an der zunächst folgenden Stelle 17 C—E, die von den musikalischen Intervallen handelt, schwer eindeutig festzulegen. Denn gerade hier spielen echt quantitative Begriffe wesentlich hinein — wie die Verhältniszahlen der „Abstände der Stimme" u. dgl. Immerhin deutet eine Wendung wie: „*τὰ διαστήματα ὁπόσ' ἐστι τὸν ἀριθμὸν τῆς φωνῆς ὀξύτητος τε πέρι καὶ βαρύτητος καὶ ὁποῖα ... καὶ τὰ ἐκ τούτων ὅσα σύστηματα γέγονεν* ..." auf die enge Verbindung des Quantitativen mit dem Qualitativen (*ὁποῖα*) und „Strukturellem" (*συστήματα*!) hin. Ebenso, wenn von den *πάθη* der Körperbewegung gesprochen wird, „*ἃ δὴ δι' ἀριθμῶν μετρηθέντα δεῖν αὖ φασὶ ῥυθμοὺς καὶ μέτρα ἐπονομάζειν*". Denn noch in Augustins „*de musica*" haben die „*numeri*" in Rhythmus und Metron eine weit über den abstrakten Anzahlbegriff hinausgehende gestalthafte Bedeutung.

Aber das nun folgende, von Stenzel (ZG 14—18) ausführlich interpretierte Buchstabenbeispiel (Phil. 18A—C) gibt viel eingehendere und genauere Aufschlüsse. Im allgemeinen auf Stenzels Auslegung verweisend, behandeln wir nur kurz den letzten Satz: „. . . *ἕως ἀριθμὸν αὐτῶν λαβὼν ἑνί τε ἑκάστῳ καὶ σύμπασι στοιχεῖον ἐπωνόμασε· καθορῶν δὲ ὡς οὐδεὶς ἡμῶν οὐδ' ἂν ἓν αὐτὸ καθ' αὑτὸ ἄνευ πάντων αὐτῶν μάθοι, τοῦτον τὸν δεσμὸν αὖ λογισάμενος ὡς ὄντα ἕνα καὶ πάντα ταῦτα ἕν πως ποιοῦντα*".

Die „Zahl", die hier „für jeden einzelnen Laut und für alle zusammen" gefunden wird, ist alles andere als eine bloße Anzahl. Zum mindesten müßte es sich doch um eine ganze, selbst strukturierte Gruppe von Zahlen handeln, damit der fragliche einzelne Laut in ihr gleichsam wie durch ein Koordinatensystem festgelegt werden könnte. Ferner wird dieser *ἀριθμός* als *στοιχεῖον* (Singular!) und *δεσμός* bezeichnet. Er ist also „Element" und „Band" zugleich. Daß eine Zahl — sonst doch ein *πλῆθος μονάδων* — „Element" (Buchstabe) ist, ist seltsam. Es erklärt sich aber zwanglos durch den eigentümlichen doppelten, diairetisch-syndesmischen (bzw. symplektischen) Charakter der Eidē-Kette. Gerade dieser Doppelcharakter soll anscheinend durch die Doppelbezeichnung *στοιχεῖον*—*δεσμός* gekennzeichnet werden. Das *στοιχεῖον* ist das *ἄτομον εἶδος*, das *ἀδιαίρετον*, das Ende der Zerlegung — und *δεσμός* ist der Ausdruck für die *συμπλοκή* aller höheren *εἴδη* der Kette im letzten, eben dem *ἄτομον εἶδος*.

Das Atomon Eidos ist also, diairetisch gesehen, unzerlegbare Monas (vgl. 15 AB) und doch Vieles (*πολλά*) und insofern *ἀριθμός*. Und dazu vermöge des „Band"-Charakters „alle Eidē der Kette irgendwie zu Einem machend" (*πάντα ταῦτα ἕν πως ποιοῦν*).

Dies bestätigt sich durch die wenig spätere, bisher, wie es scheint, noch zu wenig berücksichtigte Stelle 18 E: „*τοῦτ' αὐτὸ ἡμᾶς ὁ πρόσθεν λόγος* (d. i. die obige Erörterung über musikalische Töne und die Buchstaben) *ἀπαιτεῖ, πῶς ἔστιν ἓν καὶ πολλὰ αὐτῶν ἑκάτερον* (die beiden Begriffe sind hier speziell *φρόνησις* und *ἡδονή*, um die es ja in der Haupt- und Rahmendiskussion des Dialog geht) *καὶ πῶς μὴ ἄπειρα εὐθύς, ἀλλὰ τινά ποτε ἀριθμὸν ἑκάτερον ἔμπροσθε κέκτηται τοῦ ἄπειρα αὐτῶν ἕκαστα γεγονέναι.*"

Die Frage ist: Wie (!) ist jeder Begriff „Eines und Vieles" und wie ist jeder nicht gleich „unendlich", sondern welche Zahl gewinnt er, bevor alles Einzelne ins Unbegrenzte verschwimmt? Das Gewonnen-Haben einer Zahl ist also gleichbedeutend mit der Art und Weise (!) des „Eines und Vieles"-Seins. Und die „definierten" Begriffe erreichen gerade dies[37]).

Daß die „Zahl" die Art des „Eines und Vieles-Seins" festlegt, ist nun bei der Auffassung der „Zahl" als Gruppengebilde mit den Eidē der Kette als Gliedern am einfachsten zu verstehen. Es könnte allerdings schließlich auch mit Hilfe der Stenzelschen Vorstellung der Zahlen- (nicht Ideen-) Kette, in der jedem Eidos eine Stellenzahl entspricht (gewissermaßen als Koordinate) begriffen werden. Aber die Wendung *ἀριθμὸς αὐτῶν ἑνὶ ἑκάστῳ καὶ σύμπασι* (16 D) ist doch in dieser Vorstellungsart schwierig. Denn „allen Eidē" kommt dann zwar eine Zahlengesamtheit aber keine einzelne Zahl zu. Sind dagegen die Eidē die Monaden, so ist die Gesamtheit der im diairetischen Schema angeordneten Buchstaben — eine Idealzahl, denn eine solche ist ja eben

[37]) Zu dieser Stelle (Phil. 18C) ist zu vergleichen Parmenides 155E: „*τὸ ἓν εἰ ἔστιν οἷον διεληλύθαμεν, ἆρ' οὐκ ἀνάγκη αὐτό, ἕν τε ὂν καὶ πολλὰ καὶ μήτε ἓν μήτε πολλὰ καὶ μετέχον χρόνου* . . ." (das Eine, indem es sowohl [*τε*] „*ἓν καὶ πολλά*" als auch [das zweite *καί*!] „*μήτε ἓν μήτε πολλά*" ist). — Die erste Formel ist identisch mit der im Philebus, die zweite besagt sachlich dasselbe wie die erste, nämlich: Das *ἕν* (= *ὄν* = *εἶδος*) ist „in gewisser Hinsicht Eines und in gewisser Vieles" und also „weder ganz und absolut Eines noch ganz und absolut Vieles" (es ist von der starren Bindung sowohl an das unbezüglich Eine wie auch an das unbestimmt Viele [*ἄπειρον*] befreit).

Die zitierte Parmenidesstelle faßt die Erörterung des ganzen ersten Teils der *γυμνασία*, unmittelbar vor dem entscheidenden Mittelstück, der Betrachtung über das *ἐξαίφνης*, zusammen. ist also keineswegs eine zufällige oder beliebige Äußerung. Die Formulierung besagt, wie der Vergleich mit Phileb. 18C ergibt, nichts anderes als daß das *εἶδος* (= *ἕν* = *ὄν*) eben — *ἀριθμός* ist.

nichts anderes als ein diairetisches Schema. Diese Idealzahl ist dann zugleich das universelle „Band“ (*δεσμός*), dem die „eine Kunst“ (*μία τέχνη*) der Grammatik entspricht.

Die „logischen“ Operationen des Verknüpfens und Unterscheidens kommen damit in eine ganz nahe Parallele zu den „ideal-arithmetischen des „Zusammenzählens“ (*συναριθμεῖσθαι*) und des „Auseinander-Zählens“ (*διαριθμεῖσθαι*). In der Tat finden wir nun — und darin liegt eine letzte Bewährung unserer Interpretation — diese Ausdrücke bei Plato und Aristoteles gerade in dieser Bedeutung, z. B.:

Plato, Philebus 23 C: *ἐγὼ γελοῖός τις ἱκανῶς κατ' εἴδη διιστὰς καὶ συναριθμούμενος.*

Aristoteles, Rhetorik A 4, 1359b 2—3: *διαριθμήσασθαι καὶ διαιρεῖν κατ' εἴδη.*

— —, Physik Δ 14, 222b 30: *τούτων* (scil. *ποσαχῶς τὸ νῦν καὶ τί τὸ ποτὲ καὶ τὸ ἄρτι καὶ τὸ ἤδη καὶ τὸ πάλαι καὶ τὸ ἐξαίφνης*, b 28—29) *δ' ἡμῖν οὕτω διηριθμημένων, φανερὸν, ὅτι . . .*

Auch dieses „Zusammen- und Auseinanderzählen“ setzt voraus, daß das Ergebnis der Vereinigung und Trennung zweier Idealzahlen wieder eine Idealzahl ist. Dies ist aber nur möglich, wenn das „Ideengeflecht“ ein Geflecht von Monaden und nicht von „Stellenzahlen“ ist. —

Zum Schluß sei noch ein terminologischer Vorschlag gemacht, der gewissermaßen die Quintessenz unserer ganzen Interpretation in sich birgt: An Stelle des zwar gebräuchlichen, aber doch eigentlich etwas nebelhaften Wortes „Idealzahl“ sei der Ausdruck **„Ideen-Zahl“** gesetzt — in der Tat ist nach den Ergebnissen unserer auslegenden Bemühungen ein *εἰδητικὸς ἀριθμός* nichts anderes als eine — Zahl von Ideen (*εἰδῶν ἀριθμός*).

c) Interpretation einiger Stellen aus der aristotelischen Metaphysik und dem zugehörigen Kommentar Alexanders.

I. Met. M 7, 1081 a 33—35.

„. . . *ὥστε πρότεραι ἂν εἶεν αἱ μονάδες ἢ οἱ ἀριθμοὶ ἐξ ὧν πλέκονται οἷον ἐν τῇ δυάδι τρίτη μονὰς ἔσται πρὶν τὰ τρία εἶναι καὶ ἐν τῇ τριάδι τετάρτη καὶ ἡ πέμπτη πρὶν τοὺς ἀριθμοὺς τούτους.*

Zum Text: *πλέκονται* A^b, *γρ.* E, Christ, Jaeger; *λέγονται* E, Bonitz, W. D. Ross. — *ἢ* streichen Jaeger und Ross (durch reine Konjektur). — *ἐν τῇ τριάδι* ⟨*καὶ τετράδι*⟩ *τετάρτη* Jaeger (dem hierin Ross nicht folgt), durch reine Konjektur, ohne Parallelstellen und ohne Interpretation. Angeblich „liegt mechanischer Wortausfall vor“[38]).

[38]) Vgl. W. Jaeger, Emendationen zur aristotelischen Metaphysik, Sitzungsber. d. Preuß. Akad. d. Wiss., Philos.-histor. Kl. 1923, S. 263ff. — insbes. S. 277.

Daß die Lesart *πλέκονται* vorzuziehen ist, wurde schon oben (S. 470, Anm. 9) auseinandergesetzt. Jaegers Ergänzung ist unmotiviert und ändert den ganzen Sinn der Stelle ins Triviale um. Dies zu tun scheint uns in dem Augenblick nicht mehr erlaubt, wo eine mögliche und weniger triviale Deutung gefunden ist, wie sie unsere Auffassung der Idealzahlen sofort liefert.

Die Stelle ist seit alters her nicht recht verstanden worden. Schon Bessarion übersetzt: „*in dualitate erit tertia unitas antequam tria sint, et in trinitate quarta,* (!) *et quinta* (keine Interpunktion) *antequam hi numeri sint.*" Bessarion deutet die Stelle durch Verschiebung der Interpunktion (Setzen des Komma hinter „*quarta*" anstatt hinter „*quinta*", wo es natürlicherweise hingehört!) um. Die fünfte Einheit wird für sich genommen und schwebt in dieser Isolierung nun ganz in der Luft. „in der Dreiheit wird die vierte Einheit sein und die fünfte . . .?" Es fehlt offenbar „in der Vierheit". Es wäre also im Griechischen etwa zu lesen: „. . . *καὶ ⟨ἐν τῇ τέτραδι⟩ ἡ πέμπτη* . . ." (oder allenfalls nach Jaegers Konjektur) oder wenigstens: „. . . *καὶ ἡ πέμπτη ⟨καὶ αἱ ἑξῆς⟩ πρὶν* . . ." („und auch die fünfte und die folgenden . . ."). Aber das steht nicht da!

Es bleibt, wenn man dem Text folgt, nur übrig, die Worte *ἐν τῇ τριάδι τετάρτη καὶ ἡ πέμπτη* zusammenzunehmen: „in der Dreiheit eine vierte und die (*ἡ*) fünfte Einheit." Das deutet augenscheinlich an, daß damit Schluß ist und nicht etwa noch eine sechste Monade in der Trias auftritt.

Die Übersetzung des Textes bereitet so gar keine Schwierigkeiten, aber der Sinn war bisher rätselhaft: wieso hat die ideale Drei gerade fünf Monaden in sich? Es darf als ein unleugbarer Vorzug unserer Deutung der Idealzahlen in Anspruch genommen werden, daß sie dieses Rätsel ohne weiteres löst, — wir sahen ja (vgl. oben S. 470), daß allgemein jede diairetisch erzeugte Idealzahl n gerade $2n-1$ konstituierende Monaden enthält (also die Trias 5 und die Tetras 7)[39]).

II. Ps.-Alexander zur Stelle I. (1081a 29)

Eine merkwürdige Bestätigung erfährt unser Interpretation durch den (Ps.-)Alexander-Kommentar (pp. 728—729 Bonitz, pp. 751—752 Hayduck).

Der Kommentator gibt zunächst (p. 728, 12—28 Bz., p. 751, 3—20 Hd.) eine eigene sachliche und zusammenfassende Darstellung (*τῶν λεγομένων διάνοια*) und danach einen ausführlichen Bericht gemäß dem

[39]) Dagegen, das *πρῶτον ἕν* etwa nicht mitzurechnen, spricht deutlich der vorhergehende Satz (1081a 29ff.).

aristotelischen Wortlaut (κατὰ τὴν λέξιν, p. 728, 28—729, 16 Bz., p. 751, 20 bis 752, 3 Hd.). Wir behandeln die Stellen nacheinander (unter A und B).

A) p. 728, 23—25 Bz., p. 751, 14—17 Hayd.

οὔπω γὰρ κἀνταῦθα ἐκ τοῦ πρώτου ἑνὸς καὶ τῆς ἀορίστου δυάδος ἕτεραι τρεῖς μονάδες γεγόνασιν, ἀσύμβλητοι μὲν οὖσαι διὰ τὴν ὑπόθεσιν πρὸς τὰς τῆς αὐτοδυάδος μονάδας, γεννητικαὶ δὲ τῆς αὐτοτριάδος.	Denn auch dann sind noch nicht aus dem ersten Einen und der unbegrenzten Zweiheit andere drei Einheiten erzeugt, unvereinbar nach der Voraussetzung mit den Einheiten der „idealen Zwei", aber fähig, die „ideale Drei" zu erzeugen.

Das heißt: Wenn auch schon die ideale Zwei vollendet vorliegt, bestehend aus dem ersten Einen (a) und der ersten (b) und zweiten (c) Einheit der idealen Zwei, so liegt doch noch nicht die ideale Drei (a b′ c′ d′ e′)

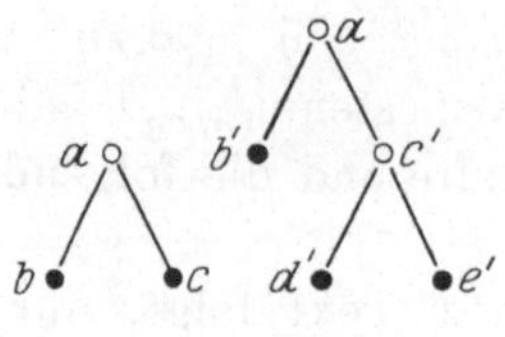

Fig. 8

vor, indem aus dem ersten Einen (a) und der unbegrenzten Zweiheit noch nicht b′ d′ e′ erzeugt sind. (Dies geschieht durch Aufspaltung des a in b′, c′ und zweitens von c′ in d′ und e′[40]), siehe Figur 8!)

B) p. 728, 27—729, 16 Bz., p. 751, 20—752, 3 Hayd.

Der Kommentator beginnt damit die Entstehung der Monaden in der Diairesis zu erläutern.

Es sind nach ihm zu unterscheiden:

1) Das *πρῶτον ἕν = αὐτὸ τὸ ἕν = ἀρχικὸν ἕν*: (a)

(Das erste Eine, das Eine selbst, das des Entspringenlassens fähige Eine.)

2) Ein *δεύτερον ἓν μετὰ τὸ πρῶτον = ἡ τῆς αὐτοδυάδος προγεγονυῖα μονάς*: (b)

(Ein zweites Eine nach dem ersten, die zuerst entstandene Einheit der „Zwei selbst".)

Sie ist einerseits: *τοῦ πρώτου ἑνὸς δευτέρα* (zweite im Verhältnis zum ersten Einen) — andrerseits: *τῆς μελλούσης γενέσθαι μονάδος, μεθ' ἣν ἂν*

---

[40]) Die Bezeichnung b′ b, c′ c, d′ d, e′ mußte eingeführt werden, weil die Monaden der verschiedenen Idealzahlen nach Voraussetzung unvereinbar (*ἀσύμβλητοι*) sind (im zweiten Teil, *κατὰ λέξιν*, wird der Begriff des *ἀσύμβλητον* nicht so scharf genommen, so daß dort die Unterscheidung von b und b′ usw. wegfällt). Doch ist das *πρῶτον ἕν* (a) stets dasselbe (?), ebenso die *ἀόριστος δυάς*.

ἀπαρτίσοι τὴν αὐτοδυάδα, πρώτη (die erste im Verhältnis zu der im Entstehen begriffenen [also noch entstehen sollenden] Einheit, mit der die erste die „Zwei-selbst" vollendet).

3) Ein *τρίτον ἕν, δεύτερον μετὰ τὸ δεύτερον, τρίτον δὲ μετὰ τὸ πρῶτον*: (c) (Ein drittes Eines, das zweite nach dem zweiten, das dritte nach dem ersten Einen.)

= *ἡ μήπω γεγονυῖα τῆς γενησομένης αὐτοδυάδος μονάς* (= die noch nicht entstandenen Einheit der entstehen werdenden „Zwei-selbst")[41].

„So daß also" — so heißt es weiter (p. 729, 7—8 Bz., p. 751, 31—32 Hd.) — „drei Einheiten da sein werden, aber ‚die Drei' werden noch nicht sein, aus denen die Dreiheit zusammengeflochten und zusammengestellt wird" (*ὥστε ἔσονται τρεῖς μονάδες, τρία δὲ οὐκ ἔσται, ἐξ ὧν ἡ τριὰς συμπλέκεται καὶ συνίσταται*).

Das heißt: Es sind zwar drei einzelne Einheiten da, aber die Zahl „drei" (*τρία*; grammatisch ein Neutrum Pluralis, worauf sich das Relativum *ἐξ ὧν* bezieht) ist damit noch nicht konstituiert und aus dieser erst kann sich die (ideale) Trias bilden.

Dann kommt die Hauptstelle: p. 729, 9—16 Bz., p. 751, 33 bis 752, 3 Hd.

ἀλλὰ κἂν πάλιν τῶν τῆς αὐτοδυάδος δύο μονάδων καὶ τοῦ πρώτου ἑνὸς οὐσῶν ὑπονοήσωμεν ὅτι ἐκ τοῦ πρώτου ἑνὸς καὶ τῆς ἀορίστου δυάδος γέγονε καὶ ἕτερον, μεθ' οὗ καὶ τῶν ὑπονοουμένων λοιπῶν τριῶν (lege *δύο* Bz.) *μονάδων ἡ αὐτοτριὰς γενέσθαι ὀφείλει, ἔσονται μὲν τέτταρες μονάδες, τὸ δὲ πρῶτον καὶ ἀρχικὸν ἓν καὶ αἱ δύο τῆς αὐτοδυάδος καὶ ἡ ἤδη γεγονυῖα, ἥτις μέρος ὀφείλει γενέσθαι τῆς γινησομένης ⟨αὐτοτριάδος ἢ⟩ αὐτοτετράδος* (lege *αὐτοτριάδος* Bz.).

Aber, wenn wir hinwiederum, indem (ja) die beiden Einheiten der „Zwei-selbst" und das erste Eine vorhanden sind, bedenken, daß aus dem ersten Einen und der unbegrenzten Zweiheit noch etwas Anderes entstanden ist, mit Hilfe dessen und der übrigen drei (Bz.: zwei!) gedachten Einheiten die „Drei-selbst" entstehen muß, — so werden (nun) vier Einheiten da sein (nämlich): das erste und entspringenlassende Eine und die beiden (Einheiten) der „Zwei-selbst" und die schon (früher) entstandene (Einheit), die Teil werden soll der entstehen sollenden „Drei-selbst" bzw. „Vier-selbst" (Bz. lediglich: „Drei-selbst"!).

[41]) (b) heißt auch: *τὸ προγεγονὸς ἓν τῆς αὐτοδυάδος*, (c): *τὸ δεύτερον ἓν τῆς αὐτοδυάδος*.

εἰ δὴ τοῦτο ὑπονοήσομεν, τέτταρα μὲν ἔσται, τετρὰς δὲ οὐδαμῶς· οὔπω γὰρ γεγόνασι καὶ αἱ λοιπαὶ τρεῖς (lege *δύο* Bz.) *μονάδες τῆς γενέσθαι μελλούσης αὐτοτετράδος* (lege *αὐτοτριάδος* Bz.). *καὶ ἐπὶ τῶν λοιπῶν ὁμοίως.*	Wenn wir nun das ins Auge fassen, so wird es die Vier zwar geben, aber niemals die Vierheit (d. i. die ideale Vier). Denn noch nicht sind die übrigen drei (Bz.: zwei!) Einheiten der entstehen sollenden „Vier-selbst" (Bz.:„Drei-selbst"!) erzeugt. Und so mit den übrigen (Idealzahlen) in gleicher Weise.

Zum Text: Bonitz ändert viermal (!) den überlieferten Text durch reine Konjektur, die von ihm angenommene Verderbnis kann er nicht näher verständlich machen. — Unsere — wie wir sehen werden, nicht einmal unbedingt notwendige — Textergänzung ist durchaus möglich. (Man kann auch *καί* statt *ἤ* setzen.) Die Ähnlichkeit der aufeinanderfolgenden Satzschlüsse „*τῆς γενησομένης* ⟨*αὐτοτριάδος ἤ*⟩ *αὐτοτετράδος*" und „*τῆς γενέσθαι μελλούσης αὐτοτετράδος*" gibt ein vollkommen genügendes Motiv für das Verderbnis ab. (An dieser — einzigen — Stelle ist auch Bonitzens Konjektur plausibel und auch sachlich verständlich, s. u.; sie beweist aber keineswegs seine Theorie.)

Bonitz faßt den Sinn der Stelle offenbar folgendermaßen: Aus dem *πρῶτον ἕν* (a) entsteht:

1) Die *αὐτοδυάς*, dadurch, daß aus ihm zwei Einheiten (b, c) projiziert werden (Dichotomie!).

2) Davon ganz unabhängig die *αὐτοτριάς* dadurch, daß aus ihm mit einem Male drei ganz neue Einheiten (b′, c′, d′) projiziert werden (Trichotomie!). Das „*ἕτερον*" ist die erste Monade der idealen Dreiheit, also b′. (Das *πρῶτον ἕν* gehört nicht zu den Monaden einer Idealzahl, wie auch der Text zeigt: z. B. „*τῶν τῆς αὐτοδυάδος δύο μονάδων*".) Mit seiner Hilfe und der der beiden anderen c′, d′ (Korrektur *δύο* statt *τριῶν*!) entsteht die Trias. Deshalb wird später auch dieses b′ als „*ἡ ἤδη γεγονυῖα* (sc. *μονάς*), *ἥτις μέρος ὀφείλει γενέσθαι τῆς γενησομένης αὐτοτριάδος*" (Korrektur statt *αὐτοτετράδος*!) bezeichnet. — a, b, c, b′ sind zusammen vier Einheiten, die bisher vorliegen. Aber noch liegt die ideale Vier nicht vor, denn es besteht ja noch nicht einmal die ideale Drei. Es fehlen an ihr noch zwei Einheiten, nämlich c′, d′, die noch nicht erzeugt sind.

In sich ist diese Auffassung völlig konsequent, aber im Text findet sie keine Stütze. Außerdem setzt sie eine Trichotomie beim Entstehen der idealen Drei aus dem ersten Einen voraus, die sonst nirgends belegt ist.

Gemäß unserer Theorie dagegen — und dem überlieferten Text! — verhält sich die Sache so:

Es sind bereits vorhanden das erste Eine (a) und die beiden Einheiten der Zwei-selbst (b, c). Es wird ferner aus dem ursprungshaften Einen und der unbegrenzten Zweiheit noch ein *ἕτερον*, ein „Anderes“ (x) erzeugt. Mit dessen Hilfe und der der drei angeführten Einheiten a, b, c muß die „ideale Drei“ entstehen[42]). Man hat also jetzt vier Einheiten: a, b, c und x (d. h. de facto d!). Und zwar wird nun das „*ἕτερον*“, x = d, erstens als „Einheit“ bezeichnet, zweitens als „Teil der erst entstehen sollenden idealen Vier“ — nicht der idealen Drei, wie man erwarten sollte und Bonitz verbessert (*αὐτοτριάδος* statt *αὐτοτεράδος*). Dem Sinne nach ist beides richtig. Denn a, b, c, d, e — das sind fünf Einheiten — bilden die Triade; a, b, c, d, e, f, g — das sind sieben Einheiten — konstituieren die Tetrade[43]). Es ist aber wesentlich, die Tetras hier zu erwähnen. Denn im folgenden kommt es darauf an, zu zeigen, daß die „ideale Vier“ noch nicht konstituiert ist, obwohl doch schon vier Einheiten (a, b, c, d) da sind. Das wird denn auch im folgenden Satze: „*εἰ δὴ τοῦτο . . . οὐδαμῶς*“ ausdrücklich gesagt.

Und dann heißt es: „Denn noch sind die drei (!) noch fehlenden Einheiten der noch im Entstehen begriffenen idealen Vier nicht erzeugt!“ Es fehlen also, da ja a, b, c, d jetzt vorhanden sind, noch die Einheiten e, f, g, um die ideale Vier zu konstituieren. Diese enthält in der Tat also sieben Einheiten a, b, c, d, e, f, g — wie es der diairetischen Theorie entspricht. Diese hat sich somit von neuem bestätigt.

III. Met. M 6, 1080 a 30—35.

διὸ καὶ ὁ μὲν μαθηματικὸς (scil. *ἀριθμὸς*) *ἀριθμεῖται μετὰ τὸ ἕν* ⟨*τὰ*? Christ⟩ *δύο, πρὸς τῷ ἔμπροσθεν ἑνὶ ἄλλο ἕν, καὶ τὰ τρία πρὸς τοῖς δυσὶ ἄλλο ἓν καὶ ὁ λοιπὸς δὲ ὁσαυτώς.*	Deshalb wird auch die mathematische Zahl (so) gezählt: nach der Eins die Zwei — zu dem vorhergehenden Einen ein anderes Eines, und die Drei (so): zu diesen zweien (noch) ein anderes Eines, und die übrigen (Zahlen) ebenso.
οὗτος δὲ (sc. *ὁ εἰδητικὸς ἀριθμός*) *μετὰ τὸ ἓν δύο ἕτερα ἄνευ τοῦ ἑνὸς τοῦ πρώτου, καὶ ἡ τριὰς* ⟨*δύο ἕτερα*⟩ *ἄνευ τῆς δυάδος, ὁμοίως δὲ καὶ ὁ ἄλλος ἀριθμός.*	Diese aber (nämlich die Idealzahl) so: nach dem Eins zwei andere, ohne das erste Eine, und die Dreiheit (wird gezählt): (wiederum) zwei andere ohne die Zweiheit — und in der gleichen Weise die anderen Idealzahlen.

[42]) Es wird also hier nicht zwischen b, c als Monaden der Dyas und b′, c′, d′, e′ der Trias unterschieden, der Begriff der „Unvereinbarkeit“ also nicht so streng genommen wie früher. Wir müssen uns jetzt also in der Figur 8 die Striche an den bezeichnenden Buchstaben wegdenken!

[43]) Es spaltet sich etwa e in f, g.

Zum Text: Wir haben hinter ἡ τριάς: δύο ἕτερα ergänzt, um der Stelle einen nicht-trivialen Sinn zu geben und zugleich einen, der sich wirklich auf die Erzeugungsweise der Idealzahlen bezieht. Man hätte auch ergänzen können μετὰ τὸ ἕν δύο ἕτερα oder noch deutlicher: μετὰ τὴν δυάδα δύο ἕτερα. Aber diese Ergänzungen haben als Textkonjekturen wenig Wahrscheinlichkeit. Dagegen ist der Ausfall der wörtlich wiederholten kurzen Phrase δύο ἕτερα sehr wohl denkbar.

Der Sinn der Stelle ist von der diairetischen Theorie der Idealzahl aus sehr leicht zu verstehen: es wird die Erzeugungsweise durch Aufspaltung jeweils einer schon vorhandenen Einheit in zwei neue beschrieben, wobei die alte Einheit, als „konstituierende", noch mitgerechnet wird; man würde also noch deutlicher von der Projektion zweier neuen Einheiten aus einer alten sprechen. D. h. also: Aus der Eins a werden b, c (δύο ἕτερα!) projiziert und so die Zweiheit erzeugt, dann, aus b etwa, d, e (wieder δύο ἕτερα, und zwar ohne die Zweiheit mitzurechnen ἄνευ τῆς δυάδος!).

Man kann dazu noch die schon früher (S. 468) erwähnte Stelle M 7, 1082b 33—37 vergleichen.

... τοῦτο γ' αὐτὸ ἔχειν τινὰ φήσουσι ἀπορίαν, πότερον, ὅταν ἀριθμῶμεν καὶ εἴπωμεν ἕν δύο τρία, προσλαμβάνοντες ἀριθμοῦμεν ἢ κατὰ μερίδας. ποιοῦμεν δὲ ἀμφοτέρως· διὸ γελοῖον ταύτην εἰς τηλικαύτην τῆς οὐσίας ἀνάγειν διαφοράν.	Nach den Platonikern besteht eine Schwierigkeit bezüglich der Frage, ob, wenn wir zählen und sagen „eins, zwei, drei", wir durch Hinzufügung zählen oder durch Aufspaltung (Teilung). Wir tun aber beides; deshalb ist es lächerlich, diesen Unterschied zu einem so großen Wesensunterschied zu machen.

κατὰ μερίδας muß (mit Bonitz und Stenzel ZG 48) mit „durch Teilung" übersetzt werden, die Übersetzung „portionsweise" (Apelt u. a., auch W. D. Ross) ist abwegig, die Parallele πρὸς μερίδας δείπνειν (Plutarch., Agesilaus 17, Sympos. 2, 10, 2; Athenaeus I, 27 u. a.) erscheint uns an den Haaren herbeigezogen. Dagegen wird von Plotin (Enn. VI, 6, cap. 9, p. 408, 9—11 Volkm.) ausdrücklich die Teilung des einen Seienden durch die Dynamis der Zahl behauptet. (ἀλλ' ἡ τοῦ ἀριθμοῦ δύναμις ὑποστᾶσα ἐμέρισε τὸ ὂν καὶ οἷον ὠδίνειν ἐποίησε αὐτὸ τὸ πλῆθος.)

Der Kommentar Ps.-Alexanders zur Stelle (p. 740, 29—741, 3 Bz., p. 762, 29—32 Hayd.) — vgl. Stenzel ZG 49, von dessen Interpretation ich aber abweiche — ist hier von Interesse:

ὡρισμένου γὰρ ὄντος τοῦ ἀριθμοῦ ..., διαιροῦμεν αὐτοὺς εἰς τὰ	Sofern die Zahl begrenzt ist, zerlegen wir sie in die ihr eigentüm-

οἰκεῖα μέρη· ἀορίστου δὲ προστίθεμεν ταῖς μονάσι μονάδας, ἕως ἂν καταντήσωμεν εἰς τὸν ἀριθμόν, ὃν ὁρίσαι καὶ περατῶσαι βουλόμεθα.

lichen Teile, — sofern sie noch unabgeschlossen ist, setzen wir ihren Einheiten Einheiten hinzu, solange bis wir die (neue) Zahl erreicht haben, die wir bestimmen (begrenzen) wollen.

Das heißt: Zugleich und in einem damit, daß wir — beim „Zählen" der Idealzahl — die als begrenzt vorliegende „alte" Zahl (bzw. ihre Einheiten) zerspalten, setzen wir neue Einheiten hinzu und insofern ist also die „alte" Zahl unabgeschlossen. — Mit Faktorengliederung, wie Stenzel meint, hat die Stelle m. E. nichts zu tun.

Diese Interpretationen mögen als Proben für die Anwendbarkeit unserer Theorie zur Erklärung der Texte hier genügen. Wir hoffen, bei einer späteren Gelegenheit noch weiteres Material vorzulegen.

Das Buch über die Ausmessung der Kreisringe des Ahmad ibn 'Omar al-Karābīsī.

Herausgegeben, übersetzt und erläutert von

E. Bessel-Hagen, Bonn und O. Spies, Bonn.

(Eingegangen am 27. 7. 31.)

Mit 17 Abbildungen.

Inhaltsübersicht.

Einleitung.

Aḥmad ibn Omar al-Karābīsī[1]) gehört nach den arabischen Biographen zu den vorzüglichsten und angesehensten Mathematikern der arabischen Frühzeit[2]). Über seine Lebenszeit ist bisher nichts bekannt. Da er aber im Fihrist erwähnt wird, so steht fest, daß er vor der zweiten Hälfte des 4. Jahrhunderts d. H. (= Ende des 10. Jahrhunderts n. Chr.) gelebt haben muß.

Die Titel der von ihm verfaßten Werke hat Suter, a. a. O.[1]), S. 65 nach dem Fihrist und nach Ibn al-Qifṭī zusammengestellt. Suter schreibt:

---

[1]) Vgl. H. Suter, Die Mathematiker und Astronomen der Araber und ihre Werke, Leipzig 1900, S. 65 und C. Brockelmann, Enzykl. d. Islam II, S. 779.

[2]) Fihrist I, 282; Ibn al-Qifṭī, Ta'rīḫ al-Hukamā', ed. Lippert, Leipzig 1903, S. 78.

„Aḥmed b. ʿOmar el-Karâbîsî gehörte zu den vorzüglichsten Mathematikern und schrieb: Einen Kommentar zum Euklides. Über die Testamentsrechnung. Über die Erbteilungen. Über das Planisphärium, noch vorhanden in Oxford (I. 913, 2⁰) und in Kairo (204, Übers. 23). Das Buch über das indische (Rechnen?). (Fihr. 282, Übers. 38; C. I. 410 n. Ibn el-Q.)“

Nur eine seiner Schriften, das *Kitāb misāḥat al-ḥalaq* „*Das Buch über die Ausmessung der Kreisringe*“ ist uns in zwei Handschriften erhalten. Diese befinden sich in Oxford (Thurston Nr. 3)[3]) und Kairo[4]). Im folgenden ist die Oxforder Handschrift[5]) mit O bezeichnet, die Kairoer[6]) mit C. Der Textedition wurde O als die ältere (zwar undatierte, aber, nach paläographischen Gesichtspunkten zu urteilen, im 16. Jahrhundert geschriebene) und bessere Handschrift zu Grunde gelegt. C ist eine junge Abschrift vom 28. Rabīʿ II 1148 h. (= 1735 n. Chr.), die neben einigen Schreibfehlern den Mangel aufweist, daß die Ausfüllung der für die Figuren ausgesparten Räume meistenteils unterblieben ist. Vorhanden sind in C nur die Figuren zu den Sätzen 1, 2, 3, 4, 13 der ersten und eine Figur zu Satz 3 der zweiten Abhandlung. Die Figuren der ersten Abhandlung stimmen in beiden Handschriften überein; zu Satz 3 der zweiten Abhandlung bietet dagegen C auffälligerweise eine in Parallelperspektive gezeichnete Figur (s. unten S. 518), während in O die körperlichen Gebilde in einer naiveren Weise in eine flächenhafte Darstellung umgesetzt sind, nämlich, indem Auf- und Grundriß ineinander gezeichnet sind. Wir geben unten die Figuren aus O und die eben genannte Figur aus C in genauem Anschluß an die Handschriften wieder, jedoch nur mit lateinischer Beschriftung zur Übersetzung. Dem Abdruck des arabischen Textes noch einmal die gleichen Figuren mit arabischer Beschriftung beizugeben, schien uns überflüssig.

In dem Titel wird neben der Pluralform *ḥalaq*[6a]), die O und C aufweisen, von den arabischen Biographen (Fihrist I 282, Ibn al-Qifṭī, S. 78) auch *ḥalqa* überliefert. Der Oxforder Handschriften-Katalog[7]) übersetzt den

[3]) Vgl. Uri's Bibliothecae Bodleianae Manuscriptorum Catalogus, Oxford 1787, S. 198, Nr. 913, 2.

[4]) Vgl. Kairo (Fihrist al-kutub al-ʿarabīja) V, 204 und auch Suters Übersetzung davon: „Der V. Band d. Katalogs d. arab. Bücher d. vicekön. Biblioth. in Kairo“, in Zeitschr. f. Math. u. Phys., 38. Jahrg., Hist.-lit. Abt. (1893), S. 23, Nr. 27.

[5]) Genauere Angaben über O teilen wir in unserer in dieser Zeitschrift, Bd. 2 erscheinenden Abhandlung über die Archimedische Dreiecksformel mit.

[6]) Für die freundliche Vermittelung der Photographie von C sprechen wir Herrn Dr. M. Meyerhof (Kairo) unseren besten Dank aus.

[6a]) In der Überschrift von O *ḥilaq* vokalisiert.

[7]) Uri, a. a. O., S. 198.

Titel mit „*de circulorum dimensione*", H. Suter[8]) gibt ihn nach Casiri mit „*Planisphaerium*" wieder, wozu er allerdings bemerkt, daß diese Schrift auch über die „*Ausmessung des Kreises*" oder über die „*Ausmessung des Ringes*" handeln könne.

Das „Buch" *(kitāb)* ist in zwei „Abhandlungen" *(maqāla)* eingeteilt, von denen die erste 18, die zweite 7 Sätze enthält. Die erste Abhandlung handelt von dem ebenen Kreisring, d. i. dem zwischen zwei konzentrischen Kreisen gelegenen Flächenstück, und gibt eine Reihe zum Teil sehr elementarer Sätze und Konstruktionsaufgaben über ihn zusammen mit einigen weiteren, die sich auf mehrere getrennt liegende Kreise beziehen. Durchweg macht sich die genaue Vertrautheit des Verfassers, der ja, wie oben erwähnt, einen Kommentar zu Euklid geschrieben hat, mit Inhalt und Ausdrucksweise der Euklidischen Elemente bemerkbar, die er selber auch verschiedentlich, sogar mit genauer Angabe von Buch und Satznummer, zitiert (z. B. in I 7, II 1). In der zweiten Abhandlung ist das Ziel die Volumenberechnung des „in bezug auf die Dicke runden Kreisringes" (*σπεῖρα, κρίκος*, torus, Wulst) und des „in bezug auf die Dicke quadratischen Kreisringes", d. i. des Körpers, der durch die Rotation eines Quadrates um eine zu einer seiner Seiten parallele und es nicht treffende Achse erzeugt wird (*τετράγωνος κρίκος*). Zur Lösung dieser Aufgaben reicht das in den Elementen gebotene Material nicht aus; infolge des Fehlens eines Vorbildes von so hohem Range wird die Ausdrucksweise unseres Verfassers merklich unklarer. Auch inhaltlich entbehren seine Schlüsse mitunter der Strenge, die er in der ersten Abhandlung durch den Anschluß an Euklid erreicht; um die zur Bewältigung der Volumenbestimmung des torus unentbehrliche Infinitesimalbetrachtung (bzw. Exhaustion) schwindelt er sich gewissermaßen herum.

Die *σπεῖρα* ist verschiedentlich und mit verschiedenartigen Fragestellungen von griechischen Mathematikern behandelt worden[9]). Aber schon der Vergleich der bei den Griechen gegebenen Definition mit der Karābīsī's (s. unten S. 533) läßt es als unzweifelhaft erscheinen, daß unser Verfasser keine der griechischen Behandlungen vor Augen gehabt hat. Sicherlich hat er nicht die Schrift des Dionysodoros gekannt, aus der uns gerade ein Satz über das Volumen der *σπεῖρα* überliefert ist (s. unten S. 537); die Bestimmungsweisen Karābīsī's und des Dionysodoros sind völlig verschieden.

---

[8]) Suter, Die Mathematiker und Astronomen der Araber, S. 66, Anm. [a]); Zeitschrift f. Math. u. Phys., 38. Jahrg., Hist.-lit. Abt. (1893), S. 55, Anm. 61; Das Mathematikerverzeichnis im Fihrist, Leipzig 1892, S. 71, Anm. 240.

[9]) Genauere Angaben bei Heiberg, Geschichte d. Math. u. Naturwiss. i. Altertum, München 1925, S. 34—35.

Der arabische Text.

كتاب مساحة الحلق
لاحمد بن عمر الكرابيسى

المقالة الاولى[a]

صدر[b]: فضل احدى الدائرتين المتوازيتين فى سطح على الاخرى اسمّى سطحا مطوّقا وفضل نصف قطر العظمى على نصف قطر الصغرى قطره.

ا الاشكال[b]: كل اربعة مقادير كانت نسبة الاول فى الثالث كا فى ج وهو ه الى الثانى فى الرابع كب فى د وهو و كنسبة الاول الى الثانى مثناة اى ا الى ب فان الاول الى الثانى كالثالث الى الرابع فليكن مربعا اب رح فر الى ح كا الى ب مثناة التى هى كه[c] الى و فبالابدال ه الى ر كو الى ح ولان ا ضرب فى نفسه وفى ج فكان ر ه فه الى ر كج الى ا [d]فو الى ح كج الى ا[d] وب ضرب فى نفسه وفى د فكان ح و فو الى ح اعنى ج الى ا كد[e] الى ب فبالابدال ج الى د كا الى ب وهو المراد. —

ب كل دائرتين كاج ب د فان نسبة محيط احدهما الى محيط الاخرى[f] كج الى د كنسبة قطرها الى قطرها كا الى ب لان نصف ا فى نصف ج هو تكسير اج فا فى ج هو اربعة امثال اج وكذا ب فى د اربعة امثال ب د و اج الى ب د كا الى ب مثناة ونسبة الاجزاء الى الاجزاء السمية لها كنسبة الاضعاف فاربعة اضعاف اج الى اربعة اضعاف ب د كا الى ب مثناة فاب ج د اربعة مقادير نسبة مسطح الاول فى الثالث الى مسطح الثانى فى الرابع كالاول الى الثانى مثناة فقطر ا الى قطر ب كمحيط ج الى محيط د وهو المراد. —

ج فضل محيط اعظم المتوازيتين[g] فى بسيط مستو كاح ب على محيط الاصغر(!) كج ر ه مساو لضعف محيط الدائرة الواقعة فى البسيط المطوّق بينهما كادج لان ادج الى ج ر ه كاج الى ج ه فضعف اج الى ج ه كضعف ادج الى ج ر ه فبالتركيب اب الى ج ه اعنى ا ب ح الى ج ر ه كضعف اج د مع ج ه ر الى ج ه ر فضعف اج د مع ج ه ر يساوى ا ب ح فزيادة ا ب ح على ج ه ر لضعف[h] محيط اج د وهو المطلوب. —

د ضرب قطر المطوق كس ص فى نصف محيطى[i] دائرتيه كس ا ب ص د ج تكسيره لان نصف س ب ا يزيد على نصف ص ج د بس ص ر[k] [l]وضرب نصف ص د ج فى ص ه هو تكسير

a) C + ثمانية عشر شكلا | b) O — | c) C كنسبة ه | d—d) C — | e) O و | f) C الآخر |
g) C المتوازيين | h) C ضعف | i) C, O محيط | k) C كس ص ر | l—l) C — |

ص ج ه[l] وضرب نصف س ا ب فى ص ه يزيد على تكسيرها بضرب س ر ص فى ص ه ونسبة نصفى س ا ب ص د ج كنسبة س ه ص ه فبالتفصيل[a] س ص ر الى ص ج د كس ص[b] الى ص ه فس ص ر[c] فى ص ه كنصف ص ج د فى س ص وقد زاد ضرب نصف س ا ب فى ص ه على ص د ج بس ر ص[d] فى ص ه فنصف س ا ب فى ص ه[e] يزيد على ص د ج بس ص[f] فى نصف ص د ج وس ه فى نصف س ا ب مساو لتكسير س ب ا فنصف س ب ا فى س ص ينقص عن مطوق س ص بضرب نصف ص د ج فى س ص فضرب نصف محيطى س ا ب و ص د ج فى س ص قطر المطوق يساوى تكسيره وهو المراد. —

ه محيط الدائرة المرسومة[g] فى منتصف السطح المطوق كا ج مساو لنصف محيطى دائرتيه لان ا د ى الى ج ط ر كاى الى ج ر ونسبة الجزء الى الجزء كنسبة الاضعاف الى الاضعاف السمية فاى الى ج ر كاه الى ج ه وبالتركيب ا د ى ج ر ط الى ج ط ر كار[h] الى ج ه فنصف ا د ى ج ط ر الى ج ط ر كب ه[h] الى ج ه اعنى ب و ح الى ج ط ر فمحيط ب و ح المرسومة[g] على ب منتصف[i] مطوق ا ج يساوى نصف[k] محيط دائرتيه وذلك ما اردناه. —

و نريد ان نعمل دائرة يكون نسبة محيطها الى محيط دائرة مفروضة كنسبة مفروضة فنجعل نسبة خط ما الى قطر الدائرة المفروضة كالنسبة المفروضة ونرسم عليه دائرة فلكون المحيطين على نسبة القطرين اعنى المفروضة يظهر المطلوب. —

ز نريد ان نعمل دائرتين تكون نسبة محيطهما[l] الى محيط دائرة مفروضة كنسبة مفروضة فنقسم مقدم النسبة بقسمين كيف اتّفق ونجعل نسبة خطين الى قطر الدائرة المفروضة كنسبة قسمى مقدم النسبة الى مؤخرها ونرسم على الخطين دائرتين فيظهر المطلوب من شكل كد من مقالة ه من الاصول وبهذا التدبير يمكن ان نعمل ثلثة[m] دوائر او اكثر تكون نسبة مجموع محيطاتها الى محيط دائرة مفروضة كنسبة مفروضة وهو المراد. —

ح نريد ان نعمل دائرتين تكون نسبة محيطيهما الى محيطى دائرتين مفروضتين كنسبة مفروضة فنعمل دائرتين تكون نسبة احديهما الى احدى المفروضتين النسبة المفروضة[n] وكذا نسبة الاخريين فتكون نسبة المعمولتين الى المفروضتين كاحديهما الى نظيرها[o] اعنى النسبة المفروضة وذلك ما اردناه. —

ط نريد ان نجد خطين تكون نسبتهما كنسبة دائرتين مفروضتين فنجد لقطريهما ثالثا فى النسبة فنسبة الاول الى الثالث كنسبة مربع الاول الى الثانى وهما القطران التى هى كنسبة الدائرتين فالثالث واحد القطرين هما الخطان المطلوبان. —

a) C + نسبة | b) C كنسبة ص ح | c) C فنسبة ص ر | d) C كس ر ص | e) C ص ج | f) C نسبة ص ح | g) C موسومة | h—h) C nur كنسبة ه | i) C منصف | k) C نصفى | l) C محيطها | m) O — | n) C كالنسبة المفروضة | o) C, O نظيره |

ى نريد ان نعمل دائرة تكون نسبتها الى دائرة مفروضة كنسبة مفروضة فنخرج وسطا فى النسبة بين حدّى النسبة المفروضة ونجعل نسبة خط ما الى قطر المفروضة كالاول من حدّى النسبة الى الوسط ونرسم على الخط دائرة فتكون هى المطلوبة[a] وبرهانه ظاهر. —

يا نريد ان نعمل دائرة مساوية لدائرتى ح ه المفروضتين فنجد ا ب ج ص على نسبتهما فبالتركيب ح ه الى ه كاب ج ص وليكن ب ع مثلهما الى ج ص ونخرج د وسطا بين ع ب ج ص ونجعل ط الى قطر ه كع ب الى د ونرسم على ط دائرة فهى المطلوبة لان ح ه الى ه كع ب الى ج ص اعنى ع ب الى د مثناة وقطر ط الى قطر ه كع ب الى د فقطر ط الى قطر ه مثناة اعنى دائرة ط الى دائرة ه كع ب الى د مثناة اعنى دائرتى ح ه الى دائرة ه فدائرة ط كدائرتى ح ه وذلك ما اردناه[b]. —

يب نريد ان نعمل دائرة[c] كثلث دوائر فنعمل دائرة كاثنين منها فدائرة[d] اخرى كهذه المعمولة مع الباقية من الثلث فيكون هى المطلوبة[e]

يج نريد ان نضيف الى دائرة د ر المفروضة مطوقا مثلها وفى سطحها فنجعل ا ب الى د ر مثناة كالاثنين الى الواحد وننصفه على ج ونرسم على ه مركز د ر ببعد ج ا دائرة ع فلان ا ب الى د ر مثناة اعنى ا ج بل ع ه الى ه ر مثناة اعنى نسبة الدائرة العظمى الى الدائرة الصغرى كنسبة الاثنين الى الواحد فالعظمى ضعف الصغرى فالمطوق مثل الصغرى وذلك ما اردناه. —

يد نريد ان نعمل على دائرة مفروضة مطوقا يحيط بها مساويا لدائرة اخرى مفروضة فنعمل دائرة مساوية للمفروضتين وعلى مركز التى نريد ان نرسم عليها دائرة مساوية للمعمولة فيظهر المطلوب بادنى تأمل. —

يه نريد ان نعمل على دائرة مفروضة مطوقا مساويا لدائرتين مفروضتين فنعمل[f] دائرة مساوية [g]للدوائر الثلث[g] وعلى مركز التى نريد[h] ان نعمل عليها دائرة مساوية للمعمولة فيظهر المطلوب. —

يو نريد ان نفصل من اعظم دائرتين مفروضتين كا سطحا مطوقا مساويا لاصغرهما كب فنجعل د ه الى س كا الى ب ونفصل د ص كس ونعمل على مركز ا دائرة ف تكون[i] نسبتها الى ب كص ه الى س فلان ف الى ب كص ه الى س اعنى د ص فبالعكس ب الى ف كد ص الى ص ه وكان ا الى ب كد ه الى س فبالمساواة ا الى ف المعمولة فيها كد ه الى ه ص[k] وبالتفصيل نسبة السطح المطوق المحيط بف الى ف كد ص الى ص ه اعنى ب الى ف فالسطح المطوق المحيط بف يساوى ب وهو المراد. —

a) C فيكون هى المطلوب | b) C + ان نبين | c) O — | d) C و | e) C + وبرهانه ظاهر | f) C فيعمل | g—g) C لثلث | h) C يريد | i) C يكون | k) C د ص |

يز نريد ان نعمل دائرة مساوية لسطح[a] ح ص المطوق فنجعل[b] اب الى ج كح الى ص ونفصل ب س كج ونعمل دائرة ع نسبتها الى ص كاس الى ج[c] فلان اب الى ج[c] اعنى س ب كح الى ص فبالتفصيل نسبة المطوق الى ص كاس الى ج[d] اعنى ع الى ص فع كالسطح المطوق وهو المراد . —

يح نريد ان نعمل دائرة مساوية لسطحى اص ب ه المطوقين فنضيف مطوق ع ا الى دائرة ا مساويا لمطوق ب ه[e] ونعمل دائرة ف مساوية لمطوق ع ص فهى المطلوبة وبرهانه ظاهر وذلك ما اردناه[f] ان نعمل. —

تمت المقالة الاولى[g] من كتاب احمد بن عمر
الكرابيسى والحمد لله[g]

المقالة الثانية

[g]من كتاب مساحة الحلق[g]

صدر[h]: الحلقة المستديرة الغلظ هى شكل مجسم يحيط به ثلث دوائر احداها[i] بغلظها والآخريان[k] فى بسيط واحد يحيطان باستدارتها من داخل وخارج وتماسان طرفى قطر الاولى[l] والمربعة الغلظ هى التى[m] يحيط بغلظها مربع وباستدارتها دائرتان تماسان طرفى ضلع المربع او طرفى قطره. —

ا الاشكال[n]: كل سطح مستقيم يضرب فى خطين مختلفين فان نسبة احد المجسمين الحادثين عنه الى الآخر كنسبة قاعدته التى تلقى السطح المفروض على خط مستقيم الى قاعدة التى معها فى بسيط واحد من المجسم الآخر هذا هو[o] دعوى الشكل الخامس والعشرين من المقالة الحادية عشر من الاصول الا انها بعبارة اخرى وبرهانه هو البرهان المذكور فى ذلك الشكل بعينه. —

ب نسبة المجسم الحادث عن ضرب خط ما فى سطح الى الحادث عن ضربه فى بعضه كنسبة السطح الى بعضه المضروب فى الخط وبرهانه ظاهر اذ هو فى الحقيقة استبانة للشكل[p] المقدم. —

ج كل حلقة مربعة الغلظ كاب فضرب نصف محيطى دائرته كاب فى المربع المحيط بغلظها كاج هو تكسيرها اذ ننصف اب على ك ونرسم على ه مركز الدائرتين دائرة ك فمحيط ك فى اب هو تكسير المطوق وج ب عمود على سطح اب المطوق فج ب فى سطح اب المطوق هو تكسير الحلقة واب ضرب فى ب ج فكان مربع اج وفى محيط ك و[q] كان سطح المطوق [r]فسطح المطوق[r] الى مربع اج كمحيط ك الى ب ج فمحيط ك فى مربع اج كب ج فى

a) C بسطح | b) C فنحصل | c—c) C — | d) C ح | e) C ب | f) O اردنا | g—g) C — | h) O — | i) O احديهما, C احديها | k) C) الآخرين | l) C الاول | m) O — التى | n) O — | o) C — | p) C الشكل | q) C ف | r—r) C —

سطح مطوق ا ب اعنى تكسير الحلقة فمحيط ك فى ا ج هو تكسير الحلقة ومحيطا ا ب ضعف محيط ك فنصف محيطى[a] ا ب فى مربع ا ج هو تكسير الحلقة[b] وهو المراد[b]. —

د اعظم السطوح المطوقة التى تقطع الحلقة المستديرة الغلظ على استدارتها كا ج هو السطح المطوق المحيط به دائرتا الحلقة وهما ا ج وتماسان قطر الدائرة المحيطة بغلظها وهو سطح ا ج والا فليقطعها سطح اعظم من ا ج كه ر فلما قدّمنا[c] فى الصدر يظهر ان قطر ه ر اصغر من قطر ا ج فدائرة ه اعظم من دائرة ج فليكن كب و ر اصغر من ا فليكن كك وهما على ع مركز ا ج فب ك[d] كه ر فسطح ب ك البعض لكونه كسطح ه ر اعظم من سطح ا ج الكل هذا خلف[e] فلا يقطع حلقة ا ح سطح اعظم من ا ج وهو المطلوب. —

ه كل حلقة مستديرة الغلظ كا ج فضرب نصف[f] محيطى دائرتيه كا ج فى الدائرة المحيطة بغلظها وهى دائرة ا ج هو تكسيرها اذ[g] نعمل على دائرة ا ج المحيطة مربع ك ع وننصف ا ج على ب ونرسم على مركز[h] الحلقة ببعد ه ب[i] دائرة ب ونصف دائرة ر و ونصف مربع [k]وهو ر ى[k] فمطوق ا ج نصف الحلقة المستديرة الغلظ والمربعة الغلظ التى يحيط بها من داخل وخارج دائرتا ا ج و[l]بغلظها مربع ك ع فالمجسم التى[m] قاعدة ا و ونصف دائرة ا ج يحيط بغلظه هو نصف حلقة ا ج المستديرة الغلظ والتى[m] قاعدة ا و ويحيط بغلظه نصف مربع ك ع هو نصف الحلقة المربعة الغلظ فا و ضرب فى سطحين مختلفين فكان منه المجسمان المحيط بغلظ احدهما ر ى[n] وبالآخر نصف دائرة ر د فنسبة الاول الى الثانى كنسبة ر ى[n] الى نصف دائرة ر و ولان نسبة الجزء الى الجزء السمى له كنسبة الاضعاف الى الاضعاف تكون نسبة المربعة الغلظ الى مستديرته كنسبة المجسم المحيط به ا و و ر ى الى المحيط به ا و ونصف دائرة ر و و هى كنسبة ر ى الى نصف دائرة ر و وكنسبة مربع ك ع الى دائرة ا ج فنسبة الحلقتين كنسبة مربع ك ع الى دائرة ا ج ومحيط ب فى ك ع هو تكسير المربعة[o] الغلظ فنسبة المربعة الى المجسم الذى من ضرب ب فى دائرة ا ج كنسبة مربع ك ع الى دائرة ا ج اعنى نسبة المربعة الى المدوّرة [p]فنسبة المربعة الى المدوّرة[p] كنسبتها الى المجسم الذى يكون[q] من ب فى دائرة ا ج فضرب محيط ب وهو نصف محيطى ا ج فى دائرة ا ج هو تكسير الحلقة المدورة[r] الغلظ [s]وهو المراد[s] وهنالك استبان ان نصفى[t] محيطى الدائرتين المحيطتين بالحلقة المستديرة الغلظ هو عمود مستدير فى استدارة جسمها. —

و نريد ان نزيد فى غلظ حلقة ا ج المفروضة زيادة مساوية لها فننصف قطر ا ج المحيطة

a) C فضعف محيطا | b—b) C — | c) C اقدمنا | d) C فك | e) C هف | f) C — | g) C او | h) O — | i) C د ب | k—k) C ر ب | l) C — | m) C الذى | n) C ر ب | o) C — | p—p) C — | q) C الذى تكون, O التى يكون | r) C المستديرة | s—s) C وذلك ما اردناه | t) O نصف

بها على ب ونرسم عليه دائرة مساوية لضعف[a] دائرة اج فى سطحها وينبغى ان يكون محيط دائرة سع اصغر من نصف محيطى اج ونديرعلى ه مركز الدائرتين دائرتين تماسان دائرة سع فوصلنا الى المطلوب لان سع ضعف اج فضرب محيط ب فى دائرة[b] سع وهو تكسير الحلقة المحيطة بها دائرة سع مثل ضربه فى دائرة اج مرّتين فقد زدنا فى غلظ حلقة اج زيادة مثلها وقد يمكننا بهذا التدبير ان نزيد على حلقة مفروضة زيادة على اى نسبة اردنا[c] ر نريد ان ننقص من غلظ حلقة مفروضة نقصانا مساويا لنصفها[d] وبرهانه عكس البرهان المقدم لانه فصل[e] من الحلقة المحيطة بغلظها مطوقا مساويا لنصف المحيطة ونرسم ثلث دوائر اخر وهى[f] المطلوب على عكس النهج المتقدم وهو المراد

[g]تمت المقالة الثانية[g]

a) C لنصف | b) O — | c) C + اليها | d) C بنصفها | e) C يفصل | f) C ونبين | g—g) تم بعون الله تعالى

Übersetzung.

a) Vorbemerkungen.

Wir haben uns bemüht, die Übersetzung so wörtlich zu halten, wie es sich irgend mit der Verständlichkeit verträgt, um für den Nichtkenner der arabischen Sprache durch die Übersetzung nach Möglichkeit das Original zu ersetzen. Ohne die Forderung möglichst enger Anlehnung an die Ausdrucksweise des Originals hätten wir mit Leichtigkeit einen Text bieten können, der für den deutschen Leser viel glatter lesbar wäre; aber die zum Teil wohl in der Natur der arabischen Sprache begründete Ungewandtheit der Ausdrucksweise des Originals in der Übersetzung beseitigen, wäre unseres Erachtens eine Fälschung. Wo der Sinn oder die Grammatik der deutschen Sprache es erforderten, Worte hinzuzufügen, die im arabischen Text nicht ausgedrückt sind, haben wir sie in spitze Klammern ⟨ ⟩ gesetzt. Der arabische Text entbehrt jeder Interpunktion und Absatzeinteilung, was mitunter das Verständnis sehr erschwert, da es oft zweifelhaft bleibt, ob ein Satzteil zu dem Vorangehenden oder zu dem Folgenden zu ziehen ist. Manchmal läßt sich die Entscheidung überhaupt nur treffen, nachdem man den mathematischen Sachverhalt geklärt hat. Die Buchstaben der Figuren haben wir bei der Übersetzung in folgender Weise wiedergegeben:

ا $= A$ ب $= B$ ج $= C$ ح $= G$ د $= D$ ر $= R$ س $= S$ ص $= \Sigma$
ط $= T$ ع $= E$ ف $= F$ ك $= K$ ه $= H$ و $= U$ ى $= I$

b) Text.

Das Buch über die Ausmessung der Kreisringe des Ahmad ibn ʿOmar al-Karābīsī.

Erste Abhandlung.

Vorausgenommenes: Den Überschuß eines von zwei parallelen Kreisen in einer Ebene über den anderen nenne ich einen Kreisring, und den Überschuß der Hälfte des Durchmessers des größeren über die Hälfte des Durchmessers des kleineren seinen Durchmesser.

Sätze.

1.

Bei irgendwelchen vier Größen sei das Verhältnis der ersten mal der dritten, in unserm Beispiel A mal C, und das ist H, zur zweiten mal der vierten, in unserm Beispiel B mal D, und das ist U, wie das Verhältnis der ersten zur zweiten doppelt, d. i. A zu B ⟨doppelt⟩. Dann ist die erste zur zweiten wie die dritte zur vierten.

Es seien R,G die Quadrate von A,B. Dann ist R zu G wie A zu B doppelt, welches ist wie H zu U. Dann ist in der Vertauschung H zu R wie U zu G. Und weil A multipliziert ist in sich selbst und in C und es ergibt R,H, so ist H zu R wie C zu A. Dann ist U zu G wie C zu A. Und weil B multipliziert ist in sich selbst und in D und es ergibt G,U, so ist U zu G, d. h. C zu A, wie D zu B. Dann ist in der Vertauschung C zu D wie A zu B, und das ist das Gewollte.

2.

Bei zwei Kreisen, beispielsweise AC,BD ist das Verhältnis des Umfangs des einen von ihnen beiden zu dem Umfange des anderen, in unserm Beispiel C zu D, wie das Verhältnis seines Durchmessers zu seinem Durchmesser, in unserm Beispiel A zu B.

Denn die Hälfte von A mal der Hälfte von C ist der Inhalt von AC. Dann ist A mal C gleich vier AC und ebenso B mal D gleich vier BD. Und AC zu BD ist wie A zu B doppelt. Und das Verhältnis der Teile zu den Teilen, die ihnen zubenannt sind, ist wie das Verhältnis der gleichen Vielfachen. Danach sind die vier gleichen AC zu den vier gleichen BD wie A zu B doppelt. Dann sind A,B,C,D vier Größen, bei denen das Verhältnis der Fläche der ersten mal der dritten zu der Fläche der zweiten mal der vierten ist wie die erste zu der zweiten doppelt. Dann ist der Durchmesser A zu dem Durchmesser B wie der Umfang C zu dem Umfang D, und das ist das Gewollte.

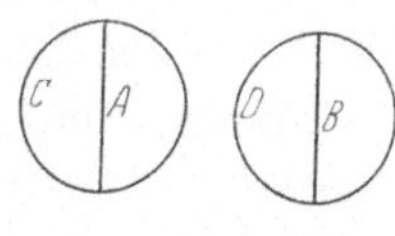

3.

Der Überschuß des Umfangs des größeren von zwei parallelen Kreisen in einer Ebene, in unserem Beispiel AGB, über den Umfang des kleineren, in unserem Beispiel CRH, ist gleich dem doppelten Umfang des Kreises, der in die Kreisringfläche zwischen ihnen fällt, in unserem Beispiel ADC.

Da ADC zu CRH wie AC zu CH ist, so ist das Doppelte von AC zu CH wie das Doppelte von ADC zu CRH. Dann ist durch die Zusammensetzung AB zu CH, d. h. ABG zu CRH, wie das Doppelte von ACD plus CHR zu CHR. Dann ist das Doppelte von ACD plus CHR gleich ABG. Folglich ist die Vermehrung von ABG über CHR gleich dem Doppelten des Umfangs ACD, und das ist das Geforderte.

4.

Die Multiplikation des Durchmessers des Kreisrings, in unserem Beispiel $S\Sigma$, mit der Hälfte der beiden Umfänge seiner beiden Kreise, in unserem Beispiel SAB, ΣDC, ist sein Inhalt.

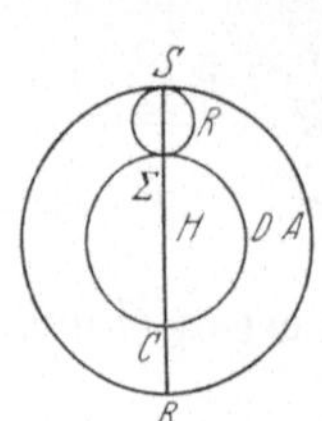

Denn die Hälfte von SBA übersteigt die Hälfte von ΣCD um $S\Sigma R$, und die Multiplikation der Hälfte von ΣDC mit ΣH ist der Inhalt von ΣCH, und die Multiplikation der Hälfte von SAB mit ΣH übersteigt seinen Inhalt um die Multiplikation von $SR\Sigma$ mit ΣH. Und das Verhältnis der beiden Hälften von $SAB, \Sigma DC$ ist wie das Verhältnis von $SH, \Sigma H$. Dann ist durch die Abtrennung $S\Sigma R$ zu ⟨der Hälfte von⟩ ΣCD wie $S\Sigma$ zu ΣH. Dann ist $S\Sigma R$ mal ΣH wie die Hälfte von ΣCD mal $S\Sigma$. Und es hat überstiegen die Multiplikation der Hälfte von SAB mit ΣH ⟨die Fläche⟩ ΣDC um $SR\Sigma$ mal ΣH. Dann übersteigt die Hälfte von SAB mal ΣH ⟨die Fläche⟩ ΣDC um $S\Sigma$ mal der Hälfte von ΣDC. Und SH mal der Hälfte von SAB ist gleich dem Inhalt von SBA. Dann bleibt die Hälfte von SBA mal $S\Sigma$ zurück hinter dem Ring $S\Sigma$ um die Multiplikation der Hälfte von ΣDC mit $S\Sigma$. Dann ist die Multiplikation der Hälfte der beiden Umfänge SAB und ΣDC mit $S\Sigma$, dem Durchmesser des Ringes, gleich seinem Inhalt, und das ist das Geforderte.

5.

Der Umfang des Kreises, der in der genauen Mitte der Kreisringfläche, in unserm Beispiel AC, gezeichnet ist, ist gleich der Hälfte der beiden Umfänge der beiden Kreise.

Denn es ist ADI zu CTR wie AI zu CR. Und das Verhältnis des Teils zum Teil ist wie das Verhältnis der gleichen Vielfachen zu den zubenannten gleichen Vielfachen. Danach ist *AI* zu *CR* wie *AH* zu *CH*, und durch die Zusammensetzung *ADI*, *CRT* zu *CTR* wie *AR* zu *CH*. Dann ist die Hälfte von *ADI*,*CTR* zu *CTR* wie *BH* zu *CH*, d. h. *BUG* zu *CTR*. Dann ist der Umfang *BUG*, der gezeichnet ist über *B*, der genauen Mitte des Kreisrings *AC*, gleich der Hälfte des Umfangs seiner beiden Kreise, und das ist das, was wir gewollt haben.

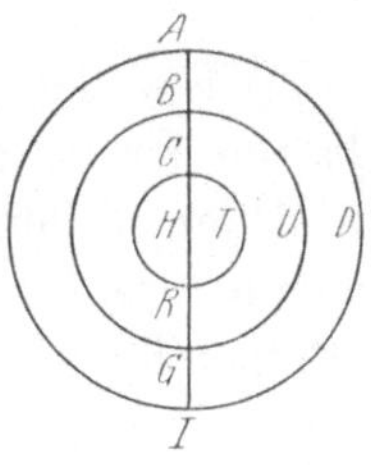

6.

Wir wollen einen Kreis ziehen, bei dem das Verhältnis seines Umfangs zu dem Umfang eines gegebenen Kreises ist wie ein gegebenes Verhältnis.

Dann machen wir das Verhältnis irgendeiner Strecke zum Durchmesser des gegebenen Kreises wie das gegebene Verhältnis und zeichnen über ihr einen Kreis. Und weil dann die beiden Umfänge im Verhältnis der beiden Durchmesser, d. h. dem gegebenen stehen, ist das Geforderte offenkundig.

7.

Wir wollen zwei Kreise ziehen, bei denen das Verhältnis ihrer beiden Umfänge zum Umfang eines gegebenen Kreises ist wie ein gegebenes Verhältnis.

Dann teilen wir das Vorderglied des Verhältnisses in zwei Teile, wie man übereingekommen ist, und machen das Verhältnis zweier Strecken zum Durchmesser des gegebenen Kreises wie das Verhältnis der beiden Teile des Vordergliedes des Verhältnisses zu seinem Hintergliede. Und wir zeichnen über den beiden Strecken zwei Kreise. Dann ist das Geforderte offenkundig aus Satz 24 aus Buch 5 aus den Elementen.

Mit dieser Verfahrungsweise ist es möglich, daß wir drei Kreise oder noch mehr ziehen, bei denen das Verhältnis der Summe ihrer Umfänge zu dem Umfang eines gegebenen Kreises ist wie ein gegebenes Verhältnis. Und das ist das Gewollte.

8.

Wir wollen zwei Kreise ziehen, bei denen das Verhältnis ihrer beiden Umfänge zu den beiden Umfängen zweier gegebener Kreise ist wie ein gegebenes Verhältnis.

Dann ziehen wir zwei Kreise, bei denen das Verhältnis des einen von ihnen beiden zu dem einen der gegebenen das gegebene Verhältnis ist, und genau so das Verhältnis der beiden anderen. Dann ist das Verhältnis der beiden gezogenen zu den beiden gegebenen wie der eine der beiden zu seinem entsprechenden, d. h. das gegebene Verhältnis, und das ist, was wir gewollt haben.

9.

Wir wollen zwei Strecken herstellen, deren Verhältnis wie das Verhältnis zweier gegebener Kreise ist.

Dann stellen wir zu ihren beiden Durchmessern eine dritte Proportionale her. Dann ist das Verhältnis des ersten ⟨Durchmessers⟩ zur dritten ⟨Proportionalen⟩ wie das Verhältnis des Quadrats des ersten ⟨Durchmessers⟩ zum ⟨Quadrat des⟩ zweiten. Und sie beide sind die beiden Durchmesser, die sind wie das Verhältnis der beiden Kreise. Dann sind die dritte ⟨Proportionale⟩ und einer der beiden Durchmesser die verlangten Strecken.

10.

Wir wollen einen Kreis ziehen, dessen Verhältnis zu einem gegebenen Kreise ist wie ein gegebenes Verhältnis.

Dann ziehen wir eine mittlere Proportionale zwischen den beiden Enden des gegebenen Verhältnisses, und wir machen das Verhältnis irgendeiner Strecke zu dem Durchmesser des gegebenen ⟨Kreises⟩ wie das erste von den beiden Enden des Verhältnisses zu der mittleren Proportionalen. Und wir zeichnen über der Strecke einen Kreis, und er ist der Geforderte. Und der Beweis davon ist offenkundig.

11.

Wir wollen einen Kreis ziehen, der den beiden gegebenen Kreisen G,H gleich ist.

Dann nehmen wir $AB, C\Sigma$ im Verhältnis von ihnen beiden. Dann ist durch die Zusammensetzung G,H zu H wie $AB,C\Sigma$ zu $C\Sigma$. Und es sei BE wie sie beide. Und wir ziehen D als mittlere Proportionale zwischen $EB, C\Sigma$, und wir machen T zum Durchmesser von H wie EB zu D, und wir zeichnen über T einen Kreis. Dann ist er der geforderte. Denn G,H zu H ist wie EB zu $C\Sigma$, d. h. EB zu D doppelt. Und der Durchmesser T zu dem Durchmesser H ist wie EB zu D. Folglich ist der Durchmesser T zu dem Durchmesser H doppelt, d. h. der Kreis T zum Kreis H, wie EB zu D doppelt, d. h. die beiden Kreise G,H zu dem Kreis H. Dann ist der Kreis T wie die beiden Kreise G,H, und das ist, was wir gewollt haben.

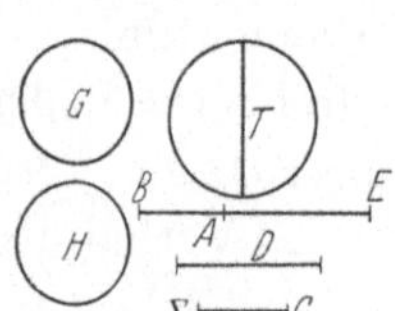

12.

Wir wollen einen Kreis wie drei Kreise ziehen.

Dann ziehen wir einen Kreis wie zwei von ihnen, dann einen anderen Kreis wie dieser gezogene plus dem letzten von den dreien. Dann ist er der Geforderte.

13.

Wir wollen zu dem gegebenen Kreis DR einen Kreisring seinesgleichen hinzufügen und in seiner Fläche.

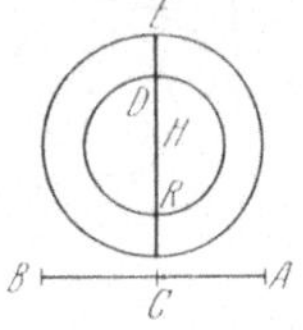

Dann machen wir AB zu DR doppelt wie zwei zu eins, und halbieren es in C. Und wir zeichnen um H als Mittelpunkt von DR mit der Entfernung CA den Kreis E. Dann ist AB zu DR doppelt, d. h. AC also auch EH, zu HR doppelt, d. h. das Verhältnis des größeren Kreises zu dem kleineren Kreise, wie das Verhältnis von zwei zu eins. Dann ist der größere Kreis das Doppelte des kleineren. Dann ist der Kreisring wie der kleinere, und das ist, was wir gewollt haben.

14.

Wir wollen um einen gegebenen Kreis einen ihn umschließenden Kreisring ziehen, der einem anderen gegebenen Kreise gleich ist.

Dann ziehen wir einen den beiden gegebenen Kreisen gleichen Kreis, und ⟨wir ziehen⟩ um den Mittelpunkt, um den wir einen Kreis zeichnen wollen, einen dem gezogenen gleichen Kreis. Dann ist das Geforderte offenkundig mit der geringsten Überlegung.

15.

Wir wollen um einen gegebenen Kreis einen Kreisring ziehen, der zwei gegebenen Kreisen gleich ist.

Dann ziehen wir einen den drei Kreisen gleichen Kreis, und ⟨wir ziehen⟩ um den Mittelpunkt, um den wir einen Kreis ziehen wollen, einen dem gezogenen gleichen Kreis. Dann ist das Geforderte offenkundig.

16.

Wir wollen von dem größeren von zwei gegebenen Kreisen, in unserem Beispiel A, eine Kreisringfläche abtrennen, die dem kleineren von ihnen beiden, in unserem Beispiel B, gleich ist.

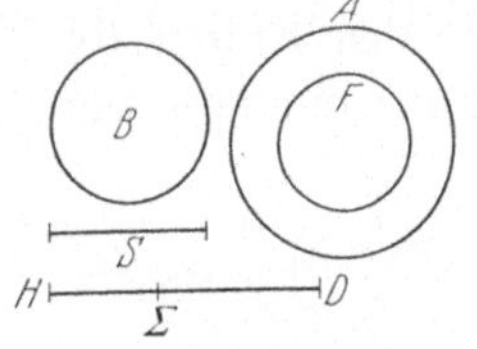

Dann machen wir DH zu S wie A zu B, und wir trennen ab $D\Sigma$ wie S, und wir ziehen um den Mittelpunkt von A den Kreis F, dessen Verhältnis zu B ist wie ΣH zu S. Weil F zu B wie ΣH zu S, d. h. $D\Sigma$ ist, so ist umgekehrt B zu F wie $D\Sigma$ zu ΣH. Und es war A zu B wie DH zu S. Dann ist durch das Gleichsein A zu F, das in ihm gezogen ist, wie DH zu $H\Sigma$; und durch die Abtrennung ist das Verhältnis der F umschließenden Kreisringfläche zu F wie $D\Sigma$ zu ΣH, d. h. B zu F. Dann ist die F umschließende Kreisringfläche gleich B, und das ist das Gewollte.

17.

Wir wollen einen Kreis ziehen, der der Kreisringfläche $G\Sigma$ gleich ist.

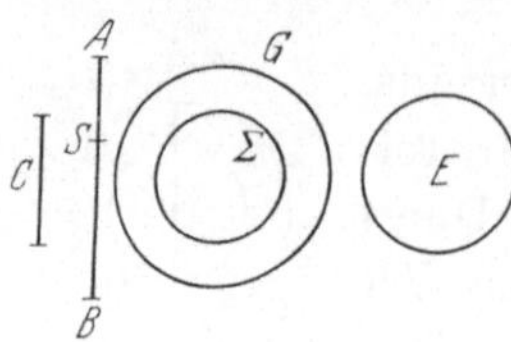

Dann machen wir AB zu C wie G zu Σ, und wir trennen ab BS wie C und wir ziehen den Kreis E, dessen Verhältnis zu Σ ist wie AS zu C. Weil dann AB zu C, d. h. SB, wie G zu Σ ist, so ist durch die Abtrennung das Verhältnis der Kreisringfläche zu Σ wie AS zu C, d. h. E zu Σ. Dann ist E wie die Kreisringfläche, und das ist das Geforderte.

18.

Wir wollen einen Kreis ziehen, der den beiden Kreisringflächen $A\Sigma, BH$ gleich ist.

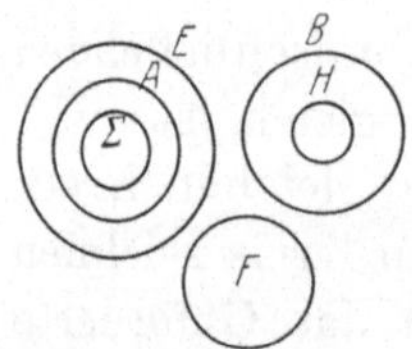

Dann fügen wir den Kreisring EA zu dem Kreis A hinzu, der gleich ist dem Kreisring BH, und wir ziehen den Kreis F, der dem Kreisring $E\Sigma$ gleich ist. Dann ist er der Geforderte, und der Beweis dafür ist klar, und das ist, was wir machen wollten.

Beendet ist die erste Abhandlung aus dem Buch des Aḥmad ibn ʿOmar al-Karābīsī, und das Lob sei Gott!

Zweite Abhandlung aus dem Buch über die Ausmessung der Kreisringe.

Vorausgenommenes: Der in bezug auf die Dicke runde Kreisring ist die Gestalt eines Körpers, den drei Kreise umschließen; der eine ⟨umschließt⟩ seine Dicke, und die beiden anderen liegen in einer einzigen Fläche, die sie beide mit ihrer Kreisförmigkeit von innen und außen umschließen, und berühren die beiden Enden der Achse des ersten. Bei dem in bezug auf die Dicke quadratischen umschließt ein Quadrat seine Dicke und mit ihrer Kreisförmigkeit zwei Kreise, die die beiden Enden der Seiten des Quadrats oder die beiden Enden seines Durchmessers berühren.

Sätze.

1.

Bei jeder geradlinigen Fläche, wenn sie multipliziert wird mit zwei verschiedenen Strecken, ist das Verhältnis des einen der aus ihr entstandenen Körper zu dem anderen wie das Verhältnis seiner Basis, welche die gegebene Fläche in einer geraden Seite trifft, zu der Basis des anderen Körpers, welche mit ihr in einer einzigen Oberfläche ist.

Dies ist der Gegenstand des fünfundzwanzigsten Satzes aus dem elften Buch aus den Elementen; nur ist es ein anderer Ausdruck, und der Beweis dafür ist der Beweis, der in jenem gleichen Satze beschrieben wird.

2.

Das Verhältnis des Körpers, der entsteht aus der Multiplikation irgendeiner Strecke mit einer Fläche, zu dem Entstandenen aus ihrer Multiplikation mit einem Teil von ihr, ist wie das Verhältnis der Fläche zu ihrem mit der Linie multiplizierten Teil, und der Beweis dafür ist klar; denn es ist in Wirklichkeit eine Illustration für den vorhergehenden Satz.

3.

Bei jedem in bezug auf die Dicke quadratischen Kreisring, in unserm Beispiel AB, wenn multipliziert wird die Hälfte der beiden Umfänge seiner Kreise A,B mit dem Quadrat, das seine Dicke umschließt, in unserem Beispiel AC, so ist das sein Inhalt.

Denn wir halbieren AB in K, und wir zeichnen um H als Mittelpunkt der beiden Kreise den Kreis K. Dann ist der Umfang von K mal AB der Inhalt des Kreisrings, und CB ist senkrecht auf der Fläche AB des Kreisrings; ferner ist CB mal der Fläche AB des Kreisrings der Inhalt des Kreisrings. Und AB wird multipliziert mit BC, und das ist das Quadrat AC, und ⟨es wird multipliziert⟩ mit dem Umfang von K, und es ist die Fläche des Kreisrings. Dann ist die Fläche des Kreisrings zu dem Quadrat AC wie der Umfang von K zu BC. Dann ist der Umfang von K mal dem Quadrat AC wie BC mal der Fläche des Kreisrings AB, d. h. der Inhalt des Kreisrings. Dann ist der Umfang von K mal AC der Inhalt des Kreisrings, und die beiden Umfänge A,B sind zweimal der Umfang von K. Dann ist die Hälfte der beiden Umfänge A,B mal dem Quadrat AC der Inhalt des Kreisrings, und das ist das Gewollte.

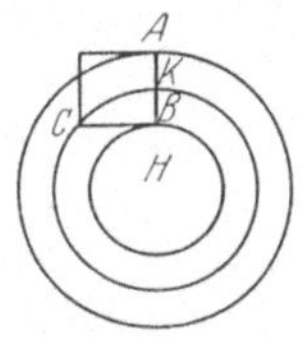

4.

Die größte von den Kreisringflächen, welche den in bezug auf die Dicke runden Kreisring abschneiden an ihrer Kreisförmigkeit, in unserem Beispiel AC, ist die Kreisringfläche, deren beide Kreise den Kreisring umschließen, und die beiden sind A,C und sie beide berühren den Durchmesser des seine Dicke umschließenden Kreises, und das ist die Fläche AC.

Und wenn nicht, dann schneide ihn ab eine größere Fläche als AC, in unserem Beispiel HR. Nach dem, was wir in das „Vorausgenommene" gesetzt haben, wird klar, daß der Durchmesser *HR* kleiner ist als der Durchmesser *AC*; ferner ist der Kreis *H* größer als der Kreis *C*; dann sei er wie *B*; und *R* ist kleiner als *A*; dann sei es wie *K*; und sie beide sind um *E*, den Mittelpunkt von *A*,*C*. Also ist *BK* wie *HR*. Dann ist die Fläche *BK*, der Teil, wegen seines Seins wie die Fläche *HR* größer als die Fläche *AC*, das Ganze, und das ist widersprechend. Und nicht schneidet ab den Kreisring *AC* eine größere Fläche als *AC*; und das ist das Geforderte.

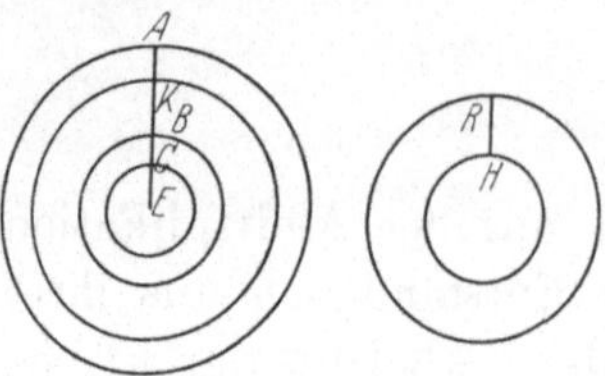

5.

Bei jedem in bezug auf die Dicke runden Kreisring, in unserem Beispiel *AC*, wird multipliziert die Hälfte der beiden Umfänge seiner Kreise, in unserem Beispiel *A*,*C*, mit dem Kreis, der seine Dicke umschließt, und das ist der Kreis *AC;* das ist sein Inhalt.

Denn wir ziehen um den umschließenden Kreis *AC* das Quadrat *KE*, und wir halbieren *AC* in *B* und zeichnen um den Mittelpunkt des Kreis-

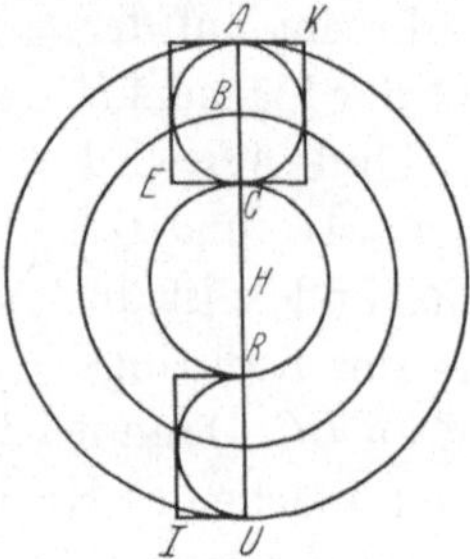

Figur der Handschrift O

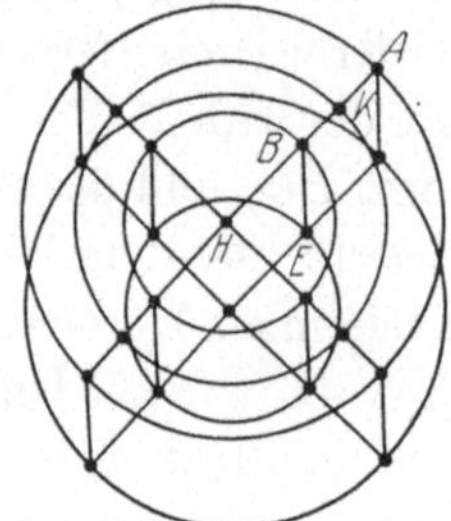

Figur der Handschrift C

rings mit der Entfernung *HB* den Kreis *B* und den Halbkreis *RU* und das halbe Quadrat, und das ist *RI*. Dann ist der Kreisring *AC* die Mitte des in bezug auf die Dicke runden Kreisrings und des in bezug auf die Dicke quadratischen, den die beiden Kreise *A*,*C* von innen und außen umschließen, und seine Dicke umschließt das Quadrat *KE*. Dann ist der Körper, dessen Basis *AU* ist, und dessen Dicke der Halbkreis *AC* umschließt, die Hälfte des in bezug auf die Dicke runden Kreisrings *AC*, und ⟨der Körper⟩, dessen Basis *AU* ist und dessen Dicke die Hälfte des Quadrats *KE* umschließt, ist die Hälfte des in bezug auf die Dicke quadratischen Kreisrings. Dann wird *AU* multipliziert mit zwei verschiedenen Flächen. Dann entstehen daraus die beiden Körper, bei denen die Dicke umschließen bei dem einen von ihnen *RI* und bei dem anderen der Halbkreis RU. Dann ist das Verhältnis des ersten zum zweiten wie das Verhältnis von RI zu dem Halbkreis RU, und es ist das Verhältnis des Teils zum ihm zubenannten Teil wie das Verhältnis des Vielfachen zum Vielfachen. Dann ist das Verhältnis des in bezug auf die Dicke quadratischen ⟨Kreisrings⟩ zu dem runden wie das Verhältnis des durch AU und RI umschlossenen Körpers zu dem durch AU und dem Halbkreis RU umschlossenen; und das ist wie das Verhältnis von RI zu dem Halbkreis RU und wie das Verhältnis des Quadrats KE zu dem Kreis AC. Dann ist das Verhältnis der beiden Kreisringe wie das Verhältnis des Quadrats KE zu dem Kreis AC. Und der Umfang von B mal KE ist der Inhalt des in bezug auf die Dicke quadratischen ⟨Kreisrings⟩. Dann ist das Verhältnis des quadratischen ⟨Kreisrings⟩ zu dem Körper, der aus der Multiplikation von B mit dem Kreis AC entsteht, wie das Verhältnis des Quadrats KE zu dem Kreis AC, d. h. das Verhältnis des quadratischen zu dem runden. Dann ist das Verhältnis des quadratischen zu dem runden wie sein Verhältnis zu dem Körper, der entsteht aus B mal dem Kreis AC. Dann ist die Multiplikation des Umfangs von B, d. i. der Hälfte der beiden Umfänge A,C, mit dem Kreis AC der Inhalt des in bezug auf die Dicke runden Kreisrings, und das ist das Gewollte.

Und ebenso ist deutlich geworden, daß die Hälfte der beiden Umfänge der beiden Kreise, die den in bezug auf die Dicke runden Kreisring umschließen, eine in der Kreisförmigkeit seines Körpers gerundete Senkrechte ist.

6.

Wir wollen die Dicke des gegebenen Kreisrings AC um eine ihr gleiche Vermehrung vermehren.

Dann halbieren wir den Durchmesser ⟨des Kreises⟩ AC, der sie umschließt, in B und zeichnen um B einen Kreis, der zweimal dem Kreis AC in seiner Fläche gleich ist. ⟨Und es sei der Kreis SE.⟩ Und es ist notwendig, daß der Umfang des Kreises SE kleiner ist als die Hälfte der beiden Umfänge A,C. Und wir ziehen über H, dem Mittelpunkt der beiden Kreise, zwei Kreise, die den Kreis SE berühren. Dann gelangen wir zu dem Geforderten. Weil SE zweimal AC ist, so ist die Multiplikation des Umfangs von B mit SE, und das ist der Inhalt des Kreisrings, den der Kreis SE umschließt, wie seine Multiplikation mit dem Kreis AC zweimal. Dann haben wir die Dicke des Kreisrings AC vermehrt um eine ihr gleiche Vermehrung,

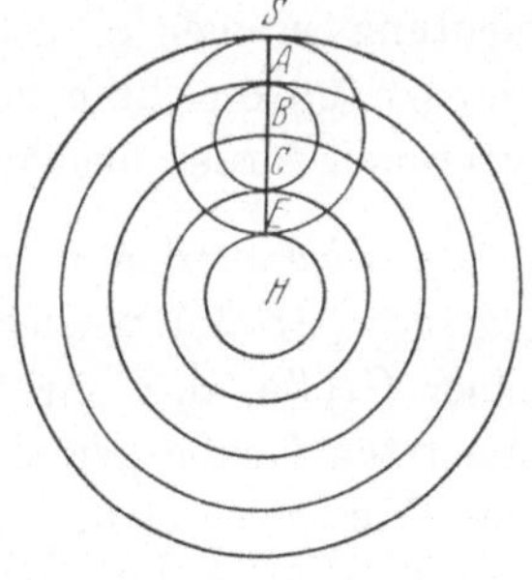

und durch diese Methode ist es uns möglich geworden, daß wir einen gegebenen Kreisring vermehren um eine Vermehrung in einem beliebigen Verhältnis, das wir beabsichtigt haben.

7.

Wir wollen die Dicke eines gegebenen Kreisrings vermindern um eine Verminderung, die seiner Hälfte gleich ist.

Und der Beweis dafür ist die Umkehrung von dem vorhergehenden Beweis, weil von dem seine Dicke umschließenden Kreis ein Kreisring abgetrennt wird, der der Hälfte des umschließenden gleich ist. Und wir zeichnen drei weitere Kreise, und das ist das Geforderte in der Umkehrung der vorhergehenden Methode. Und das ist das Gewollte.

Die zweite Abhandlung ist beendet.

Erläuterungen.

a) Vorbemerkung.

Verweisungen auf die Elemente Euklids geben wir nach dem Muster

E V 9 = Elemente, Buch V, Satz 9,

E V Def. 9 = Elemente, Buch V, Definition 9

usw., Verweisungen auf Stellen unseres „Buches über die Ausmessung der Kreisringe“ nach dem Muster

I 3 = Erste Abhandlung, No. 3,

I 5 = Zweite Abhandlung, No. 5.

b) Sprachliche Erläuterungen.

Wir stellen zunächst einige Bemerkungen zur Terminologie der Proportionenlehre zusammen, in denen sich der Leser auch über die Bedeutung einiger in unserer Übersetzung gebrauchter deutschen Wendungen unterrichten kann, die dem heutigen mathematischen Sprachgebrauch ferner liegen.

1. *miqdār*, das in I 1 und I 2 vorkommt, scheint das griechische *μέγεθος* (Größe) wiederzugeben. Es könnte allerdings auch die Maßzahl einer Größe, d. i. ihr Verhältnis zu einer willkürlich als Einheit festgesetzten Größe der selben Art bezeichnen. Vgl. auch den betr. Artikel des Wörterverzeichnisses von W. Thomson[10]).

---

[10]) In: G. Junge and W. Thomson, The commentary of Pappus on book X of Euclid's elements, Cambridge, Harvard University Press, 1930, S. 286–287.

2. *quṭr* = Durchmesser, d. h. Duchmesser eines Kreises, eines Kegelschnittes, einer Kugel usw., auch Diagonale eines Parallelogramms. In I 9 (S. 514, Zeile 6—7) befremdet die Ausdrucksweise „die beiden Durchmesser", da von den beiden gemeinten Strecken nur die eine Durchmesser eines Kreises ist, die andere dagegen die vorher gezeichnete dritte Proportionale. [10a])

3. *muṯannāt* = doppelt = *διπλάσιος* bezeichnet bei Verhältnissen den *λόγος διπλάσιος* (E V Def. 9); also hat „A zu B wie C zu D doppelt" die Bedeutung „das Verhältnis $A : B$ ist das doppelte Verhältnis des Verhältnisses $C : D$". Sind C und D Strecken, so ist demnach die Aussage „A zu B wie C zu D doppelt" gleichwertig mit der Proportion $A : B = C^2 : D^2$.

4. *bit-tabdīl* = in der Vertauschung = *ἐναλλάξ* (E V Def. 12).

5. *bil-ʿaks* = in der Umkehrung = *ἀνάπαλιν* (E V Def. 13).

6. *bit-tarkīb* = durch die Zusammensetzung = *συνθέντι* (E V Def. 14).

7. *bit-tafṣīl* = durch die Abtrennung = *διελόντι* (E V Def. 15).

8. *bil-musāwāt* = durch das Gleichsein = *δι' ἴσου* (E V Def. 17).

9. *ṯāliṯ fīn-nisba* = dritte Proportionale = *τρίτη ἀνάλογον* (E VI 11) heißt wörtlich „eine dritte in dem Verhältnis", entspricht also auch in der sprachlichen Bildung genau dem griechischen Fachausdruck. Ebenso heißt

10. *wasṭ fīn-nisba* = mittlere Proportionale = *μέση ἀνάλογον* (E VI 13) wörtlich „eine mittlere in dem Verhältnis".

11. *as-sammīja* = die ihnen zubenannt sind. Mit dieser Redewendung oder einer ähnlichen gibt Karābīsī in I 2, I 5, II 5 den Begriff *ὡσαύτως* des Satzes E V 15: *Τὰ μέρη τοῖς ὡσαύτως πολλαπλασίοις τὸν αὐτὸν ἔχει λόγον ληφθέντα κατάλληλα* wieder, wobei offenbar willkürlich der Begriff *ὡσαύτως* bald zu den „Teilen" bald zu den „Vielfachen" gezogen ist. In I 2 und I 5 ist außerdem noch zu „Vielfachen" das Adjektiv „gleichen" hinzugesetzt; für dieses „gleich" steht dabei die besondere Vokabel

[10a]) Obwohl diese Bemerkung mit Proportionen nichts zu tun hat, mußte sie aus drucktechnischen Gründen bei der Korrektur hier eingesetzt werden an Stelle einer inzwischen überflüssig gewordenen Bemerkung.

12. *aḍʿāf*, die die Gleichheit der Bestandteile eines Paares bezeichnet.

Wir lassen nunmehr einige weitere Bemerkungen über einzelne Vokabeln oder von uns bei der Übersetzung gebrauchte Redewendungen folgen in der Reihenfolge, wie sie zuerst in unserer Schrift vorkommen.

13. In unserem Beispiel wird im Arabischen einfach durch die Partikel *ka* = wie ausgedrückt, die selbe, die auch zwischen die beiden Verhältnisse einer Proportion gesetzt wird. Wie schwer dadurch mitunter der Sinn aufzufassen ist, mag das Beispiel des ersten Satzes aus I 1 lehren, in dem sich der Leser überall statt „in unserem Beispiel" „wie" eingesetzt denke. Wir haben uns gestattet, zur Erleichterung des Verständnisses *ka*, wo es auf die Buchstaben der beigegebenen Figuren verweist, stets durch die Formel „in unserem Beispiel" wiederzugeben. Darin soll also nicht etwa liegen, daß für Karābīsī der durch die gezeichnete Figur hervorgehobene Fall nur ein Beispiel für die unendlich vielen denkbaren Fälle gewesen wäre.

14. *ḍaraba* = multiplizieren hat die Grundbedeutung „schlagen".

15. *taksīr* = Inhalt. Für dieses Wort, das im gewöhnlichen Sprachgebrauch „Bruch" heißt, gibt Lane s. v. auf Grund des taǧ al-ʿarūs die mathematische Bedeutung „Flächeninhalt eines Kreises" an. Der Gebrauch in unserer Schrift (z. B. in I 2, I 4, II 3, II 5) zeigt, daß die Bedeutung des Wortes weiter reicht und daß es allgemein „Inhalt" eines beliebigen Flächenstückes oder eines beliebigen Körpers bezeichnet, genau wie das griechische *ἐμβαδόν*.

16. *ʿamala*, *rasama*. Wir haben bei der Übersetzung (I 6 ff.) *ʿamala* durch „ziehen" und *rasama* durch „zeichnen" wiedergegeben, nur um den Wechsel der Vokabel erkenntlich zu machen. Daß im Gebrauch beider arabischer Wörter kein prinzipieller Unterschied besteht, zeigt der Vergleich zweier sonst übereinstimmender Wortlaute aus I 14 und I 15.

17. Strecke und Gerade sind im Arabischen ebensowenig unterschieden wie im Griechischen. Wir sind unbedenklich in der Übersetzung dem deutschen Sprachgebrauch gefolgt, der beides unterscheidet.

18. *ṯānīja* in I 12 haben wir dem Sinn entsprechend mit „dem letzten" übersetzt.

c) Mathematische Erläuterungen.

Allgemeines.

Zu den einzelnen Nummern geben wir meist eine Umschrift in die heutige Formelsprache mit möglichst scharfer Herausarbeitung der bei den einzelnen Schlüssen vom Verfasser ausdrücklich oder stillschweigend benutzten Prämissen oder Hilfssätze. Bei dem elementaren Charakter des Werkes mag eine solche Ausführlichkeit pedantisch erscheinen, und wahrscheinlich liegt auch eine axiomatische Sauberkeit, wie sie in den Elementen Euklids erstrebt ist, der Absicht unseres Verfassers fern. Wie dem auch sei, die sorgfältige Analyse, die wir mitteilen, läßt es deutlich hervortreten, in wie erstaunlich vorzüglicher Weise in der ersten Abhandlung nahezu alle Schlüsse, auch die stillschweigend gemachten, auf Sätze der Elemente fundiert sind. Um so krasser tritt im Gegensatz dazu in der zweiten Abhandlung die Unklarheit der Ausdrucksweise Karābīsī's und die Ungenauigkeit seiner Schlußweisen hervor. Man möchte daher fast annehmen, daß Karābīsī sich aus den Elementen nur die Kenntnis des sachlichen Inhaltes der Sätze und der äußeren Form der Beweise angeeignet hat, aber von den tieferen Absichten, die hinter der Auswahl und Reihenfolge der Sätze der Elemente stehen und ihren inneren Aufbau bedingen, nur wenig begriffen hat. Da wir seinen Euklidkommentar, der darüber Aufschluß geben könnte, nicht besitzen, bleibt es eine offene Frage, wie weit er in den Geist der Elemente eingedrungen ist.

Erläuterungen zu den einzelnen Nummern.

Zu I 1.

Da in der griechischen Mathematik Größen ($\mu\epsilon\gamma\acute{\epsilon}\vartheta\eta$) niemals miteinander multipliziert werden, bleiben die beiden Möglichkeiten, entweder anzunehmen, daß die Vokabel *miqdār* (vgl. Sprachl. Erläuterungen 1.) hier in dem Sinne „Maßzahlen" zu verstehen ist und daß an eine rechnerische Multiplikation dieser Maßzahlen gedacht ist, wie sie in den vielen Rezepten der Heronischen und verwandter Schriften gehandhabt wird, oder daß die Vokabel hier in einer unbedachten Verallgemeinerung gesetzt ist, während bei der Herleitung des Satzes nur an Strecken gedacht war. Denn in Wahrheit wird der Satz nur für Strecken gebraucht (und zwar nur ein einziges Mal in I 2), wenn man sich den Umfang eines Kreises durch eine Strecke dargestellt denkt. In der folgenden Beweisumschrift führen wir daher auch als Begründungen diejenigen Euklidsätze an, die im Falle von Strecken anstatt von Größen zu benutzen wären.

Die hier berührte Schwierigkeit durchzieht das ganze Buch Karābīsī's. Es handelt sich allgemein um die Frage, ob mit „Multiplikation" die rechnerische Multiplikation von Maßzahlen gemeint ist oder die geometrische Konstruktion eines Rechtecks aus seinen Seiten bzw. eines Körpers aus einer Fläche und einer Seite. Die sprachliche Bildung des arabischen Wortes für Multiplizieren (vgl. Sprachl. Erl. 14.) gibt auch keinen Anhalt für die zu Grunde liegende Vorstellung. Da wir den Euklidkommentar Karābīsī's, der vielleicht mehr Aufschluß über seine Auffassung brächte, nicht besitzen, wird es sicherer sein, die Deutung des Fachausdrucks „multiplizieren" vorläufig offen zu lassen. Die Schwierigkeiten, die eine konsequente Durchführung jeder der beiden Auffassungen mit sich brächte, brauchen wir nicht erst auseinanderzusetzen.

Karābīsī's Beweis		Begründung
Vor:	$A \cdot C = H$	
	$B \cdot D = U$	
	$H : U = (A : B)^2$	
Beh:	$A : B = C : D$	
Bew: Es sei $R = A^2$, $G = B^2$. Dann ist		
	$R : G = (A : B)^2$	E VI 20
	$= H : U$,	Vor. und E V 11
also in der Vertauschung und in der Umkehrung		
	$H : R = U : G$.	E V 16 und E V 7 Cor.
Wegen $A \cdot A = R$,	$A \cdot C = H$ ist	
	$H : R = C : A$,	E VI 1
folglich	$U : G = C : A$.	E V 11
Wegen $B \cdot B = G$,	$B \cdot D = U$ ist	
	$U : G = D : B$,	E VI 1
folglich	$C : A = D : B$	E V 11
und in der Vertauschung		
	$C : D = A : B$,	E V 16
w. z. b. w.		

Zu I 2.

Sind J_{AC} und J_{BD} die Flächeninhalte der beiden Kreise mit den Durchmessern A bzw. B, so geht Karābīsī von den Beziehungen

(1) $\frac{1}{2}A \cdot \frac{1}{2}C = J_{AC}$ $\quad \frac{1}{2}B \cdot \frac{1}{2}D = J_{BD}$

aus. Der Satz: „Hälfte des Durchmessers mal Hälfte des Umfanges gleich Inhalt“ findet sich in dieser Fassung weder in den Elementen Euklids noch in der uns erhaltenen Redaktion der Kreismessung des Archimedes. Dagegen steht an letzterer Stelle[11]) als Satz 1 der inhaltlich gleichwertige, nur schärfer gefaßte Satz: „Jeder Kreis ist gleich dem rechtwinkligen Dreieck, dessen eine Kathete der Radius und dessen andere Kathete der Umfang des Kreises ist.“ Bei späteren griechischen Autoren[12]) findet sich, z. T. mit Berufung auf Archimedes, auch die Formulierung „Das Rechteck aus Umfang eines Kreises und seinem Radius ist das doppelte des Kreises“, von dem die von unserem Verfasser gebrauchte nur unwesentlich abweicht. Wir werden diesen Satz, der auch noch in I 4 zur Anwendung gelangt, in den Begründungen mit dem Zeichen „Arch.“ anführen.

	Begründung
Aus den Formeln (1) folgert Karābīsī	Arch.
(2) $\begin{cases} A \cdot C = 4\,J_{AC} \\ B \cdot D = 4\,J_{BD}. \end{cases}$	
Andererseits ist	
$J_{AC} : J_{BD} = A^2 : B^2$	E XII 2
also auch	
$4\,J_{AC} : 4\,J_{BD} = A^2 : B^2,$	E V 15
somit wegen (2)	
$A \cdot C : B \cdot D = A^2 : B^2.$	E V 7
Folglich ist	
$A : B = C : D.$	I 1
W. z. b. w.	

Zu I 3.

„Parallele Kreise in einer Ebene“ sind natürlich konzentrische.

Zur Figur: Die Handschrift O hat fälschlich auf dem äußeren Kreise zwischen A und G ein zweites Mal R hingeschrieben.

Es seien r_i, r_a, r_z die Radien und U_i, U_a, U_z die Umfänge des inneren, des äußeren und des zwischen beide gelegten Kreises. Dann ist

[11]) Bd. 1, S. 232 der zweiten Heiberg'schen Archimedesausgabe.

[12]) Zitate gibt Heiberg an der ebengenannten Stelle der Archimedesausgabe.

	Begründung
$U_z : U_i = 2\,r_z : 2\,r_i$	I 2
$= AC : CH,$	
also	
$2\,AC : CH = 4\,r_z : 2\,r_i$	E V 4
$= 2\,U_z : U_i.$	
Durch die Zusammensetzung entsteht, weil	E V 18
$AC = HB$ und also $2\,AC + CH = AB = 2\,r_a$ ist,	E V 7
$AB : CH = 2\,r_a : 2\,r_i = 2\,U_z + U_i : U_i.$	
Andererseits ist	
$U_a : U_i = 2\,r_a : 2\,r_i,$	I 2
also	
$U_a : U_i = 2\,U_z + U_i : U_i$	E V 11
und folglich	
$U_a = 2\,U_z + U_i,$	E V 9
d. i.	
$U_a - U_i = 2\,U_z,$	
w. z. b. w.	

Zu I 4.

Bezeichnen r_a, r_i, r_z; U_a, U_i, U_z; J_a, J_i, J_z die Radien, Umfänge und Inhalte der Kreise SAB, ΣDC, $SR\Sigma$, so ist der gesuchte Inhalt J des Kreisringes gleich $J_a - J_i$. Es ist

	Begründung
$\frac{1}{2}\,U_a = \frac{1}{2}\,U_i + U_z$	I 3
und	
$\frac{1}{2}\,U_i \cdot r_i = J_i,$	Arch.
also	
(1) $\frac{1}{2}\,U_a \cdot r_i = J_i + U_z \cdot r_i.$	
Weiter ist	
$\frac{1}{2}\,U_a : \frac{1}{2}\,U_i = r_a : r_i,$	I 2 und etwa E V 15 und E V 11
also durch die Abtrennung	
$\frac{1}{2}\,U_a - \frac{1}{2}\,U_i : \frac{1}{2}\,U_i = r_a - r_i : r_i,$	E V 17
d. i. wegen $\frac{1}{2}\,U_a - \frac{1}{2}\,U_i = U_z$ und $r_a - r_i = 2\,r_z$	I 3 und Figur
$U_z : \frac{1}{2}\,U_i = 2\,r_z : r_i,$	E V 7
folglich	
(2) $U_z \cdot r_i = \frac{1}{2}\,U_i \cdot 2\,r_z.$	E VI 16
Aus (1) und (2) kommt	
(3) $\frac{1}{2}\,U_a \cdot r_i = J_i + \frac{1}{2}\,U_i \cdot 2\,r_z.$	

Ferner ist	
(4) $r_a \cdot \frac{1}{2} U_a = J_a$,	Arch.
folglich	
$\frac{1}{2} U_a \cdot 2 r_z = \frac{1}{2} U_a (r_a - r_i)$	
$= \frac{1}{2} U_a \cdot r_a - \frac{1}{2} U_a \cdot r_i$	
$= J_a - J_i - 2 r_z \cdot \frac{1}{2} U_i$,	(3) und (4)
d. i. $J = J_a - J_i = \frac{1}{2} (U_a + U_i) \cdot 2 r_z$,	
w. z. b. w.	

Zu I 5.

Haben r_i, r_a, r_z; U_i, U_a, U_z die gleiche Bedeutung wie in den Erläuterungen zu I 3, so ist

	Begründung
$U_a : U_i = 2 r_a : 2 r_i = AI : CR$	I 2
$2 r_a : 2 r_i = r_a : r_i = AH : CH$	E V 15
also $U_a : U_i = r_a : r_i = AH : CH$	E V 11
und durch die Zusammensetzung	E V 18
$U_a + U_i : U_i = r_a + r_i : r_i$.	
In der Figur ist $CH = HR$, also $r_a + r_i = AH + HR = AR$ und daher auch	
$U_a + U_i : U_i = AR : CH$.	E V 7
Dann ist $\frac{1}{2} (U_a + U_i) : U_i = \frac{1}{2} (r_a + r_i) : r_i$	Umkehrung von E V 4
$= BH : CH$.	oder E V 16, E V 15, E V 11, E V 16
Die Tatsache, daß $BH = \frac{1}{2} AR$ ist, wird stillschweigend gebraucht. Ihr Beweis liegt in	
$AR = AC + CR$	
$\frac{1}{2} AR = \frac{1}{2} AC + \frac{1}{2} CR = BC + CH$	
$= BH$.	
Nun ist aber	
$BH : CH = r_z : r_i = U_z : U_i$,	I 2
somit $\frac{1}{2} (U_a + U_i) : U_i = U_z : U_i$	E V 11
und $\frac{1}{2} (U_a + U_i) = U_z$,	E V 9
w. z. b. w.	

Zu I 6.

Die Redewendung „Wir machen das Verhältnis einer Strecke zum Durchmesser des gegebenen Kreises wie das gegebene Verhältnis“ soll natürlich besagen: „Wir stellen eine Strecke her, deren Verhältnis zum Durchmesser des gegebenen Kreises dem gegebenen Verhältnis gleich ist.“ Dies ist nach E VI 12 möglich, falls das gegebene Verhältnis durch zwei Strecken gegeben ist, was Karābīsī nicht ausdrücklich sagt, aber doch wohl annimmt.

Weiter werden benutzt das „Kreispostulat“, daß sich über jeder gegebenen Strecke als Durchmesser ein Kreis zeichnen läßt, und die Sätze I 2 und E V 11. Das Kreispostulat in der angegebenen Fassung, von uns weiterhin als „Kreispostulat *a*“ zitiert, folgt aus E I 10 und E I Post. 3. Unter „Kreispostulat *b*“ verstehen wir weiterhin die Forderung, daß sich um jeden gegebenen Punkt als Mittelpunkt ein Kreis zeichnen läßt, der einem gegebenen Kreise gleich ist. Dieses ergibt sich aus E III Def. 1, E I 2 und E I Post. 3.

Zu I 7.

Es sei U der Umfang und d der Durchmesser des gegebenen Kreises; ferner seien a,b zwei Strecken, deren Verhältnis das gegebene Verhältnis darstellt (vgl. Erl. zu I 6). Dann zerlegt Karābīsī a auf beliebige Weise — dies ist der Sinn der Worte „wie man übereingekommen ist“ — in zwei Teilstrecken e und f:

	Begründung
$a = e + f$	
und stellt zwei Strecken d_1, d_2 her gemäß der Vorschrift	
$d_1 : d = e : b$ $d_2 : d = f : b$	E VI 12
und zeichnet die beiden Kreise über d_1 und d_2 als Durchmesser. Sind ihre Umfänge U_1, U_2, so gilt	Kreispostulat *a*
$d_1 : d = U_1 : U$ $d_2 : d = U_2 : U$,	I 2
also $U_1 : U = e : b$ $U_2 : U = f : b$.	E V 11
Hieraus folgt	
$U_1 + U_2 : U = e + f : b$,	E V 24
also, da $e + f = a$ war,	
$U_1 + U_2 : U = a : b$,	E V 7 und E V 11
wie gefordert.	

Zu I 8.

In dem Beweis zu diesem Satze versteht Karābīsī unter „Verhältnis der Kreise“ das Verhältnis ihrer Umfänge und nicht, wie es sonst üblich ist und wie er es selbst in den folgenden Nummern tut, das Verhältnis ihrer Inhalte.

Wird das gegebene Verhältnis wieder als Streckenverhältnis $a:b$ angenommen (vgl. Erl. zu I 6) und sind die Umfänge der gegebenen Kreise V_1, V_2, so stellt Karābīsī zwei Kreise mit den Umfängen U_1, U_2 her derart, daß

		Begründung
	$U_1 : V_1 = a : b$	I 6
	$U_2 : V_2 = a : b$.	
Dann ist	$U_1 : V_1 = U_2 : V_2$	E V 11
	$U_1 + U_2 : V_1 + V_2 = U_1 : V_1$	E V 12
	$= a : b$,	E V 11
wie gefordert.		

Zu I 9.

Sind J_1, J_2 die Inhalte der gegebenen Kreise, d_1, d_2 ihre Durchmesser, so bestimmt Karābīsī die Strecke d gemäß der Forderung

		Begründung
	$d_1 : d_2 = d_2 : d$.	E VI 11
Dann ist	$d_1 : d = d_1^2 : d_2^2$.	E VI 19 Corol. oder E VI 20 Corol. 2
Es ist aber	$d_1^2 : d_2^2 = J_1 : J_2$,	E XII 2
folglich	$d_1 : d = J_1 : J_2$,	E V 11
wie gefordert.		

Zu I 10.

Es seien a, b zwei Strecken, deren Verhältnis das gegebene Verhältnis darstellt (vgl. Erl. zu I 6), c der Durchmesser und J_c der Inhalt des gegebenen Kreises. Dann konstruiert Karābīsī eine mittlere Proportionale m zu a und b

		Begründung
(1)	$a : m = m : b$,	E VI 13
und sodann eine Strecke d derart, daß		
(2)	$d : c = a : m$	E VI 12 und E V 7 Corol.
wird. Hiernach zeichnet er über d als Durchmesser den Kreis, sein Inhalt sei J_d. Dann ist		Kreispostulat a
	$J_d : J_c = d^2 : c^2$.	E XII 2

Aus (2) folgt aber $d^2 : c^2 = a^2 : m^2,$	E VI 22
und aus (1) $a^2 : m^2 = a : b.$	E VI 19 Corol. oder E VI 20 Corol. 2
Folglich ist $J_d : J_c = a : b,$	E V 11
wie gefordert.	

Zu I 11.

Bei dem Lesen des Textes ist zu beachten, daß die Buchstaben T, H bald zur Bezeichnung der Kreise bzw. ihrer Inhalte, bald zur Bezeichnung ihrer Durchmesser verwandt werden. In der folgenden Erläuterung seien G, H, T die Durchmesser, J_G, J_H, J_T die Flächeninhalte der Kreise.

	Begründung
Karābīsī bestimmt zunächst zwei Strecken AB und $C\Sigma$ so, daß	
$AB : C\Sigma = J_G : J_H.$	I 9
Dann ist durch die Zusammensetzung	
(1) $J_G + J_H : J_H = AB + C\Sigma : C\Sigma$	E V 18
$= BE : C\Sigma,$	E V 7
da $AE = C\Sigma$ an BA angetragen wurde, so daß $BE = AB + C\Sigma$ ist. Dann stellt Karābīsī eine Strecke D her als mittlere Proportionale zu EB und $C\Sigma$:	
(2) $EB : D = D : C\Sigma$	E VI 13
und eine Strecke T so, daß	
(3) $T : H = EB : D$	E VI 12 und E V 7 Corol.
ist, und zeichnet den Kreis über T als Durchmesser. Da aus (2) folgt	Kreispostulat a
$EB^2 : D^2 = EB : C\Sigma,$	E VI 19 Corol. oder E VI 20 Corol. 2
ist nach (1)	
(4) $J_G + J_H : J_H = EB^2 : D^2.$	E V 11
Aus (3) folgt	
$EB^2 : D^2 = T^2 : H^2$	E VI 22
$= J_T : J_H,$	E XII 2 und E V 11
also ist nach (4)	
$J_G + J_H : J_H = J_T : J_H.$	E V 11
Hieraus ergibt sich das Geforderte:	
$J_G + J_H = J_T.$	E V 9

Zu I 12.

Zweimalige Anwendung von I 11.

Zu I 13.

In dem Wortlaut der Aufgabe lassen die Worte „seinesgleichen" und „in seiner Fläche" verschiedene Deutungsmöglichkeiten zu, zwischen denen mit Sicherheit kaum zu entscheiden ist. Aus der Ausführung geht jedenfalls hervor, daß folgende Aufgabe gemeint ist: „Zu einem gegebenen Kreis soll ein konzentrischer Kreis mit größerem Radius gezeichnet werden, derart, daß der von beiden begrenzte Kreisring den gleichen Flächeninhalt hat wie der gegebene Kreis."

Es seien d_i, d_a die Durchmesser und J_i, J_a die Flächeninhalte des gegebenen und des gesuchten Kreises. Dann konstruiert Karābīsī $d_a = AB$ so, daß

	Begründung
$d_a^2 : d_i^2 = 2:1$	z. B. E X 6 Corol.; einfacher d_a als Diagonale eines Quadrates mit der Seite d_i
ist und halbiert AB in C, so daß $AC = \frac{1}{2} d_a$ wird.	E I 10
Dann zeichnet er um den Mittelpunkt H des gegebenen Kreises den Kreis mit dem Radius $\frac{1}{2} d_a$.	E I 2 und E I Post. 3
Dann ist $J_a : J_i = d_a^2 : d_i^2 = 2:1$,	E XII 2 und E V 11
also $J_a = 2 J_i$	E V Def. 5
und $J_a - J_i = J_i$,	
wie gefordert.	

Zu I 14.

Benutzt wird zunächst I 11. Es hätte keine Mühe verursacht, I 11 von vornherein (durch Verwendung von E I 2 und E I Post. 3 an Stelle des Kreispostulates *a*) so zu fassen, daß der dort zu zeichnende Kreis einen vorgeschriebenen Mittelpunkt hat; dann hätte hier der zweite Teil der Konstruktion, d. i. die Anwendung des Kreispostulats *b* (vgl. die Erl. zu I 6), eingespart werden können. Warum es im Texte so umständlich heißt „um den Mittelpunkt, um den wir einen Kreis zeichnen wollen" statt einfach „um den Mittelpunkt des gegebenen Kreises" ist uns unverständlich.

Zu I 15.

Anwendung von I 12 und Kreispostulat *b*. Statt dessen hätte auch mit I 11 und I 14 verfahren werden können.

Zu I 16.

	Begründung
Sind J_A, J_B die Inhalte der gegebenen Kreise, so stellt Karābīsī zwei Strecken $a = DH$ und $b = S$ her, derart daß	
(1) $\quad a:b = J_A:J_B$	I 9
gilt, und trennt von DH die Strecke $D\Sigma = S$ ab, so daß $H\Sigma = a - b$ wird.	E I 3
Hierbei hat er stillschweigend benutzt, daß aus (1) und der Voraussetzung $J_A > J_B$ folgt $a > b$.	E V Def. 5
Dann zeichnet er um den Mittelpunkt von A einen Kreis F mit dem Inhalt J_F derart, daß	
(2) $\quad J_F:J_B = a-b:b$	I 10 und Kreispostulat b
ist. Daß der Kreis F in das Innere des Kreises A fällt, wird stillschweigend als selbstverständlich angenommen; es folgt aus $a-b<a$, (2) und der anschaulich evidenten, aus Euklidsätzen zwar leicht aber doch nur etwas umständlich beweisbaren Tatsache, daß Kreise mit kleinerem Flächeninhalt auch kleinere Radien haben.	E I und E V Def. 5
Aus (2) folgt in der Umkehrung	
(3) $\quad J_B:J_F = b:a-b,$	E V 7 Corol.
sodann aus (1) und (3) durch das Gleichsein	E V 22
$J_A:J_F = a:a-b,$	
und hieraus durch die Abtrennung des Verhältnisses	E V 17
$J_A - J_F:J_F = b:a-b$	
$= J_B:J_F,$	(3) und E V 11
also $\quad J_A - J_F = J_B,$	E V 9
wie gefordert.	

Zu I 17.

	Begründung
Es seien J_G, J_Σ die Inhalte der Kreise, deren Peripherien den gegebenen Kreisring begrenzen. Karābīsī zeichnet zwei Strecken $a = AB$ und $b = C$ so, daß	
(1) $\quad a:b = J_G:J_\Sigma$	I 9

ist. Dann ist $a > b$, und er trennt von AB eine C gleiche Strecke BS ab, so daß $AS = a - b$ bleibt. Sodann zeichnet er einen Kreis E, für dessen Inhalt J_E gilt	E V Def. 5 E I 3
(2) $J_E : J_\Sigma = a - b : b.$	I 10
Durch die Abtrennung des Verhältnisses folgt aus (1)	E V 17
(3) $J_G - J_\Sigma : J_\Sigma = a - b : b.$	
Aus (2) und (3) ergibt sich die Behauptung	
$J_E \doteq J_G - J_\Sigma.$	E V 11 und E V 9

Zu I 18.

Karābīsī wendet zuerst I 17 und I 14 an, sodann noch einmal I 17. Stattdessen hätte er auch mittels I 17 zwei den gegebenen Kreisringflächen gleiche Kreise zeichnen und diese dann nach I 11 in einen einzigen Kreis verwandeln können.

Zu II Vorausgenommenes.

Es wird nützlich sein, neben die beiden Definitionen Karābīsī's, die in verschwommenen Worten bestenfalls bei einem nicht böswilligen Leser eine Erinnerung an die schon einmal gesehenen Körper hervorrufen, sicherlich aber nicht genug enthalten, um saubere mathematische Schlüsse auf sie zu bauen, die in Heron's „Definitionen geometrischer Benennungen“ gegebenen herzusetzen[13]):

Σπεῖρα γίνεται, ὅταν κύκλος ἐπὶ κύκλου τὸ κέντρον ἔχων ὀρθὸς ὢν πρὸς τὸ τοῦ κύκλου ἐπίπεδον περιενεχθεὶς εἰς τὸ αὐτὸ πάλιν ἀποκατασταθῇ· τὸ δὲ αὐτὸ τοῦτο καὶ κρίκος καλεῖται. διεχὴς μὲν οὖν ἐστι σπεῖρα ἡ ἔχουσα διάλειμμα, συνεχὴς δὲ ἡ καθ' ἓν σημεῖον συμπίπτουσα, ἐπαλλάττουσα δέ, καθ' ἣν ὁ περιφερόμενος κύκλος αὐτὸς αὐτὸν τέμνει. γίνονται δὲ καὶ τούτων τομαὶ γραμμαί τινες ἰδιάζουσαι. οἱ δὲ

Ein *torus* entsteht, wenn ein Kreis, der seinen Mittelpunkt auf einem Kreise hat, zur Ebene dieses Kreises senkrecht stehend herumgeführt wird, bis er wieder in die Ausgangslage zurückgelangt. Dieses selbe Erzeugnis wird auch *Reifen* genannt. Weiter ist ein *auseinanderstehender* torus ein solcher, der einen Zwischenraum hat, ein *zusammenhängender* ein solcher, der in einem Punkte zusammenfällt, und ein *übergreifender* ein solcher, bei dem der herumgeführte Kreis sich selbst schneidet. Und es gibt

[13]) Heronis Alexandrini opera quae supersunt omnia, vol. IV (ed. Heiberg), S. 60, 62.

τετράγωνοι κρίκοι ἐκπρίσματά εἰσι κυλίνδρων· γίνονται δὲ καὶ ἄλλα τινὰ ποικίλα πρίσματα ἔκ τε σφαιρῶν καὶ ἐκ μικτῶν ἐπιφανειῶν.	auch von diesen als Schnitte einige Linien mit besonderen Eigenschaften. Die *viereckigen Reifen* aber sind Aussägungen von Zylindern. Es gibt auch noch einige andere mannigfaltige Aussägungen aus Kugeln und gemischten Oberflächen.

Ebenfalls durch Rotation eines Kreises um eine Achse entsteht der torus bei Heron, Metrika II 13[14]) und bei Proklos[15]).

Zu II 1.

Der Wortlaut des zitierten Euklidsatzes ist:

Ἐὰν στερεὸν παραλληλεπίπεδον ἐπιπέδῳ τμηθῇ παραλλήλῳ ὄντι τοῖς ἀπεναντίον ἐπιπέδοις, ἔσται ὡς ἡ βάσις πρὸς τὴν βάσιν, οὕτως τὸ στερεὸν πρὸς τὸ στερεόν.	Wenn ein Parallelepiped durch eine Ebene geschnitten wird, die zu den gegenüber liegenden Ebenen parallel ist, verhält sich wie die Basis zur Basis so der Körper zum Körper.

Dies ist so gemeint, daß das Parallelepiped auf der „Basis" liegend vorgestellt wird, und daß die „gegenüber liegenden" Ebenen eines der zur Basis nicht parallelen Paare von Begrenzungsebenen sind.

Karābīsī spricht diesen Satz, wenn wir seine Worte recht verstehen, für Prismata mit einem beliebigen Polygon („geradlinige Fläche" gibt wohl *σχῆμα εὐθύγραμμον* E I Def. 9 wieder) als Grundfläche und mit zur Grundfläche senkrecht stehender (das liegt wohl im Wort „multiplizieren") Achse aus. Er denkt sich dabei im Anschluß an den genannten Euklidsatz die beiden betrachteten Prismata auf einer ihrer rechteckigen Seitenflächen liegend, die er daher „Basis" nennt.

Zu II 2.

Der jetzige Satz ist nur dann ein Spezialfall des vorigen, und zwar des auf rechtwinkelige Parallelepipeda bezüglichen Falles, wenn die „Fläche" ein Rechteck und der „Teil von ihr" das durch eine Parallele zu einer der Rechtecksseiten abgeschnittene Teilrechteck ist. Soll aber der Satz für eine beliebige geradlinige Fläche und ebenfalls für einen geradlinig begrenzten Teil von ihr ausgesprochen werden, so hätte besser die durch E XII 6 und E XII 7 Corol. nahe gelegte Formulierung gewählt werden können: „Die unter der selben Höhe befindlichen Prismata

---

14) Heronis Alexandrini opera quae supersunt omnia, vol. III (ed. Schöne), S. 126, Zeile 10—18.

15) In primum Euclidis elementorum librum commentarii (ed. Friedlein), S. 119, Zeile 9—16.

mit Polygonen als Basen verhalten sich zu einander wie die Basen." In Wahrheit will unser Verfasser den Satz auf eine Kreisfläche und einen Kreisring als ihren Teil anwenden; dann läßt sich der Satz aber ohne eine Exhaustion unmöglich beweisen. Es scheint, als ob Karābīsī diese Notwendigkeit nicht durchschaut hat, wenn er den Beweis mit so leichtfertigen Worten abtut.

Zu II 3.

Eine Erschwerung beim Lesen dieser und der folgenden Nummern ist es, daß Karābīsī das Wort „Kreisring" ohne Unterscheidungsmerkmal bald für ebene, bald für räumliche Kreisringe gebraucht, oft unmittelbar hinter einander in verschiedenem Sinne.

Es seien J_A, J_B, J_{AB}, J_Q die Flächeninhalte des Kreises A, des Kreises B, der Kreisringfläche AB und des Quadrates AC; U_A, U_K, U_B die Umfänge der Kreise A, K, B; $\bar{J}_A$, $\bar{J}_B$ die Rauminhalte der geraden Kreiszylinder mit den Kreisen A, B als Basen und mit der gemeinsamen Höhe $BC = BA$; endlich sei $\bar{J}$ der gesuchte Rauminhalt des in bezug auf die Dicke quadratischen Kreisrings.

Karābīsī's Beweis	Begründung
(1) $J_{AB} = U_K \cdot AB$	I 4
und	
(2) $\bar{J} = CB \cdot J_{AB}$.	?

Für diese Behauptung gibt Karābīsī keine Begründung an. Vermutlich folgert er sie aus II 2, das sonst überhaupt keine Anwendung fände, und der als bekannt angesehenen Formel für den Zylinder

(3) $$\bar{J}_A = J_A \cdot CB.$$

Das Ausdrücken solcher Beziehungen durch geschlossene Formeln mit Hilfe des Wortes „Multiplikation" und nicht durch Proportionen ist eine bemerkenswerte Abweichung von den Elementen Euklids. Einfacher wäre es, ohne Benutzung von II 2 neben die Formel (3) die entsprechende

(4) $$\bar{J}_B = J_B \cdot CB$$

für den inneren Zylinder zu stellen und (2) durch Subtraktion von (3) und (4) zu gewinnen.

Aus (1) und (2) würden wir weiter schließen:

$$\bar{J} = CB \cdot (U_K \cdot AB) = CB \cdot (AB \cdot U_K)$$
$$= (CB \cdot AB) \cdot U_K = J_Q \cdot U_K .$$

Das hier benutzte associative Gesetz der Multiplikation umgeht Karābīsī durch eine Proportionenrechnung nach dem Muster

$$xy : yz = x : z,$$

also

$$(xy)z = x(yz);$$

nämlich:

$$AB \cdot U_K = J_{AB}$$ (1)

$$AB \cdot BC = J_Q,$$

folglich

(5) $$J_{AB} : J_Q = U_K : BC.$$ E VI 1 und E V 11

Dann ist

(6) $$J_{AB} \cdot BC = J_Q \cdot U_K,$$?

d. h. nach (2)

(7) $$\bar{J} = J_Q \cdot U_K.$$

Vermutlich wendet Karābīsī, um (6) aus (5) zu folgern, die in E VI 16 für Strecken formulierte Regel in formaler Verallgemeinerung auf eine Proportion an, deren Glieder z. T. Flächeninhalte sind. In den Elementen findet sich diese allgemeinere Regel nicht; konstruiert man aber etwa ein Quadrat R mit dem Flächeninhalt J_{AB} und zwei Rechtflache mit den Grundflächen R, AC und den Höhen BC, U_K, so kann die Folgerung aus E XI 34 gezogen werden.

Endlich folgt aus (7) wegen

$$U_K = \tfrac{1}{2}(U_A + U_B)$$ I 5

die Behauptung.

Zu II 4.

Mit dem reichlich unklar gefaßten Satz scheint folgendes gemeint zu sein: „Unter den zur Achse des torus senkrechten Ebenen schneidet die Mittelebene den torus in einer Fläche mit möglichst großem Flächeninhalt.“ Der indirekte Beweis ist ein Selbstbetrug: Karābīsī entnimmt so vieles unbewiesen der Anschauung (z. B. schon, daß diese Ebenen den torus in Kreisringflächen schneiden, weiter die Ungleichungen $H > C$, $R < A$), daß er dann besser getan hätte, gleich den ganzen Satz als anschaulich selbstverständlich hinzustellen.

Zu II 5.

Karābīsī's Satz ist zwar richtig, sein Beweis beruht jedoch auf einem Fehlschluß. Denkt man sich nämlich den in bezug auf die Dicke quadratischen Kreisring und den in bezug auf die Dicke runden Kreisring durch Rotation eines Quadrates bzw. eines Kreises um eine Achse a entstanden, so hat man nach der bekannten Regel von Pappos[16]) die Flächeninhalte des Quadrates bzw. des Kreises zu multiplizieren mit der Länge der Wege, die die Schwerpunkte dieser Figuren bei der Rotation um die Achse a (bis sie in die Ausgangslage zurückkehren) zurücklegen. Bei Quadrat und Kreis stimmen nun die Schwerpunkte mit den Mittelpunkten überein, und Dank diesem Umstande wird das Resultat Karābīsī's richtig. Da Karābīsī aber von dieser Regel nichts erwähnt und seine Worte auch keine anderen stichhaltigen Beweisargumente an die Hand geben, ist anzunehmen, daß er sich in dem entscheidenden Schluß geirrt hat.

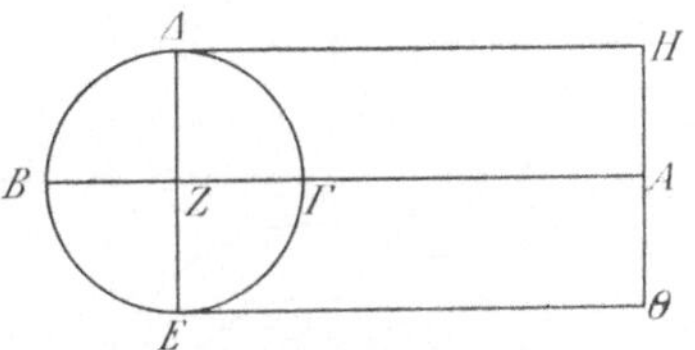

Es wird interessieren, zum Vergleich den Satz des Dionysodoros herzusetzen, wie ihn uns Heron mitteilt[17]). Vorausgegangen ist die Beschreibung der Entstehung des torus durch Rotation des Kreises $B\Gamma\Delta E$ um die Achse $H\Theta$. Dann heißt es:

δέδεικται δὲ Διονυσοδώρῳ ἐν τῷ περὶ τῆς σπείρας ἐπιγραφομένῳ, ὅτι ὃν λόγον ἔχει ὁ ΒΓΔΕ κύκλος πρὸς τὸ ἥμισυ τοῦ ΔΕΗΘ παραλληλογράμμου, τοῦτον ἔχει καὶ ἡ γεννηθεῖσα σπεῖρα ὑπὸ τοῦ ΒΓΔΕ κύκλου πρὸς τὸν κύλινδρον, οὗ ἄξων μέν ἐστιν ὁ ΗΘ, ἡ δὲ ἐκ τοῦ κέντρου τῆς βάσεως ἡ ΕΘ.

Von Dionysodoros ist in der Schrift mit dem Titel „Über den torus" bewiesen, daß das selbe Verhältnis, das der Kreis $B\Gamma\Delta E$ zu der Hälfte des Parallelogramms $\Delta EH\Theta$ hat, auch der von dem Kreise $B\Gamma\Delta E$ erzeugte torus zu dem Zylinder hat, dessen Achse $H\Theta$ und dessen Basisradius $E\Theta$ ist.

Karābīsī betrachtet neben dem torus, der durch die Rotation des Kreises $ADCF$ um die Achse a entsteht[18]), noch den diesem torus umbeschriebenen viereckigen Ring, der durch Rotation des Quadrates KE um die Achse a erzeugt wird. Sodann halbiert er beide Körper durch ihre Mittelebene (S. 518, Zeile 12 v. unten u. ff.), die in unserem Aufriß als Gerade UA erscheint, und vergleicht die beiden oberen Hälften der Körper. Mit der „Basis AU" des Textes ist stets der in der Mittelebene gelegene von den Kreisen AU und CR begrenzte ebene Kreisring gemeint. Zu welchem Zwecke Karābīsī diesen Übergang zu den halben Körpern macht, ist uns unverständlich geblieben. In dem Satz (S. 518,

---

16) Συναγωγή VII, 41, 42 (p. 680—682 ed. Hultsch).

17) Metrika II 13, Heronis Alexandrini opera quae supersunt omnia, vol. III (ed. Schöne), S. 128, Zeile 3—9.

18) Vgl. die Figur auf der folgenden Seite.

Zeile 4 v. u.) „Dann wird AU multipliziert mit zwei verschiedenen Flächen“ kann AU nicht wie eben die Basis AU bedeuten, da ja dann die Multiplikation von AU mit den Flächen RI und RU vierdimensionale Gebilde erzeugen würde, während der halbe quadratische Ring und der halbe torus entstehen sollen. Man wird also wohl unter AU die Peripherie des Kreises AU zu verstehen haben. Dann ist aber die Aussage, daß der halbe quadratische Ring und der halbe torus entstehen, auch falsch. Einen besseren Sinn ergäbe es, wenn man an Stelle von AU schriebe „der Kreis B“. Würde der Text so lauten, so läge es nahe, dem Verfasser folgenden zwar logisch unhaltbaren aber psychologisch verständlichen Schluß zuzutrauen: „Wie nach II 3 der quadratische Ring gleich einem quadratischen Prisma ist, dessen Grundfläche das Quadrat KE und dessen Höhe der Umfang des Kreises B ist, so wird der torus gleich einem Zylinder sein, dessen Grundfläche der Kreis AC und dessen Höhe der Umfang des Kreises B ist.“ Wie dem auch sei, die entscheidende Aussage „Dann ist das Verhältnis des halben quadratischen Ringes zum halben torus wie das Verhältnis des halben Quadrats RI zum Halbkreis RU“ entbehrt jedenfalls einer ausreichenden Begründung.

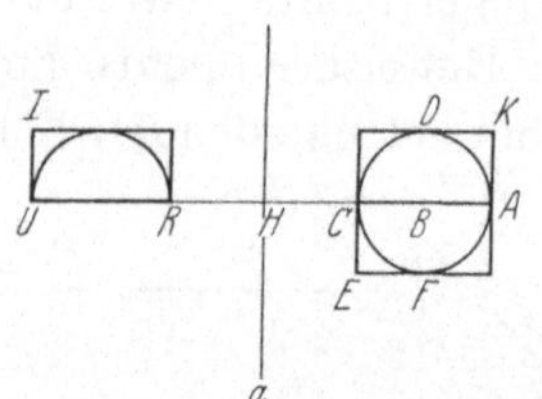

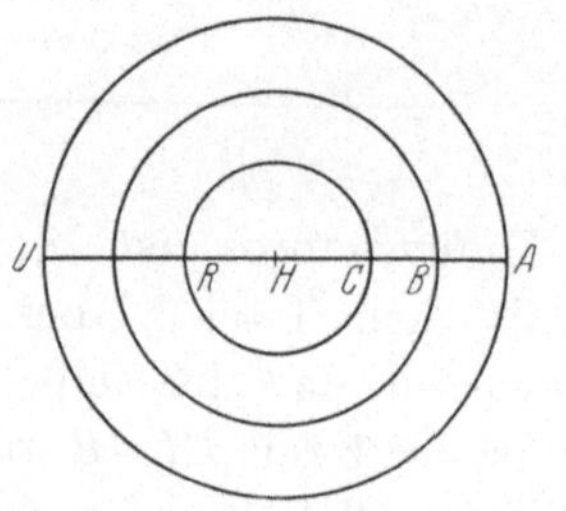

Das Weitere ist elementare Rechnung. Der Kürze halber sei $\bar{J}_Q$ das Volumen des quadratischen Ringes, $\bar{J}_T$ das des torus, J_Q der Flächeninhalt des Quadrats KE und J_K der des Kreises AC. Ferner seien U_A, U_B, U_C die Umfänge der in der Mittelebene um H als Mittelpunkt durch A, B, C gelegten Kreise. Karābīsī rechnet von der Proportion

$$\tfrac{1}{2}\bar{J}_Q : \tfrac{1}{2}\bar{J}_T = RI : RU$$

aus folgendermaßen weiter:

		Begründung
Wegen		
	$\tfrac{1}{2}\bar{J}_Q : \tfrac{1}{2}\bar{J}_T = \bar{J}_Q : \bar{J}_T$	E V 15
und		
	$RI : RU = J_Q : J_K$	E V 15
folgt hieraus		
(1)	$\bar{J}_Q : \bar{J}_T = J_Q : J_K.$	E V 11

Nun ist aber

$U_B \cdot J_Q = \bar{J}_Q,$	II 3
folglich $\bar{J}_Q : U_B \cdot J_K = U_B \cdot J_Q : U_B \cdot J_K$	E V 7
$= J_Q : J_K$	E VI 1 und E V 11
$= \bar{J}_Q : \bar{J}_T.$	(1) und E V 11
Hieraus folgt aber	
$\bar{J}_T = U_B \cdot J_K$	E V 9
$= \frac{1}{2}(U_A + U_C) \cdot J_K,$	I 5

w. z. b. w.

Wollte man in korrekter Weise mit der Papposschen Regel verfahren, so wäre die wichtige Proportion (1) eine Folge davon, daß die Schwerpunkte des Kreises AC und des Quadrates KE zusammenfallen, also die von ihnen zurückgelegten Wege die selben sind.

Der Schlußabsatz, S. 519, Zeile 19 und ff., ist uns unverständlich.

Zu II 6.

Die Figur der Handschrift O hat eine falsche Beschriftung: es stehen an Stelle der richtigen Buchstaben S, A, B, C, E die falschen A, H, B, E, C, während der Mittelpunkt, der den Buchstaben H tragen muß, in der Figur der Handschrift unbezeichnet geblieben ist.

Mit „eine ihr gleiche Vermehrung" ist eine Vermehrung von gleichem Volumen gemeint.

	Begründung
Karābīsī halbiert AC, der Mittelpunkt sei B. Um	E I 10
B als Mittelpunkt legt er den Kreis SE, dessen Inhalt das doppelte des Kreises AC ist.	I 13

Der Satz: „Und es ist notwendig, daß der Umfang des Kreises SE kleiner ist als die Hälfte der beiden Umfänge der Kreise A, C" enthält eine Determination; wäre nämlich $U_{SE} \geqq \frac{1}{2}(U_A + U_C)$, so wäre nach I 5 auch $U_{SE} \geqq U_B$, woraus nach I 2 folgen würde, daß der Durchmesser des Kreises $SE \geqq$ dem Durchmesser des Kreises B wäre, also auch der Radius von $SE \geqq$ dem Radius von B; d. h. in der Figur fiele der Punkt E in H oder unterhalb von H, und SE könnte keinen torus mehr (im Sinne von *σπεῖρα διεχής*, S. 533, Zeile 8 v. unten) erzeugen.

Weiter werden je zweimal benutzt: | E I Post. 3 und II 5.

Zum Beweise des Schlußsatzes, der sich auf eine Vermehrung in einem beliebigen Verhältnis bezieht, hätte man an Stelle von I 13 einen entsprechend allgemeineren Satz heranzuziehen.

Zu II 7.

Der Beweis verläuft nach dem Muster von II 6 mit Anwendung von I 16 an Stelle von I 13. Eine Determination ist hier überflüssig. Die „drei weiteren Kreise" sind offenbar diejenigen mit dem Mittelpunkt H durch die Punkte A, B, C, wenn die vorige Figur übernommen wird und jetzt die Kreise E, S als die den in der Mittelebene des torus gelegenen ebenen Kreisring von innen und außen begrenzenden Kreise angenommen werden.

Genealogie der Sätze.

Satz	wird benutzt in	Satz	wird benutzt in
I 1	I 2	I 14	I 18
I 2	I 3, I 4, I 5, I 6, I 7	I 15	
I 3	I 4	I 16	II 7
I 4	II 3	I 17	I 18
I 5	II 3, II 5	I 18	
I 6	I 8		
I 7		II 1	II 2
I 8		II 2	II 3 (?)
I 9	I 11, I 16, I 17	II 3	II 5
I 10	I 16, I 17	II 4	
I 11	I 12, I 14	II 5	II 6
I 12	I 15	II 6	
I 13	II 6	II 7	

Zum Moskauer Mathematischen Papyrus*).

Prof. T. E. Peet hat in seiner Anzeige der Edition des Moskauer Mathematischen Papyrus (Journal of Eg. Arch. 17 [1931], S. 106 ff.) bemerkt, daß ein Stück des linken Fragmentes von Kol. III anders anzuordnen ist, als es gegenwärtig der Fall ist. Demnach ist die Reproduktion in Quellen und Studien, Abt. A 1, Tafel I, abzuändern in folgender Weise (Fig. 1). Entsprechend ist in der Transkription der Schluß der Zeile III, 4 zu verändern in: [illegible] |||. Zeile 5 fällt weg. Eine geringfügige Änderung ist auch im rechten Fragment von IV. 3 vorzunehmen (vgl. Fig. 2).

Fig. 1.

Fig. 2.

*) Bemerkung der Schriftleitung (N.).

Autorenverzeichnis.